Für alle Wesen des Almtals –

auch für die, die in der Vergangenheit hier lebten,

und die, die es in Zukunft tun werden.

Sonia Kleindorfer

DIE ERSTAUNLICHE WELT DER GRAUGÄNSE

Sonia Kleindorfer

DIE ERSTAUNLICHE WELT DER GRAUGÄNSE

Wie sie leben, kommunizieren und füreinander sorgen

In Zusammenarbeit mit Patricia McAllister-Käfer

Brandstätter

Inhaltsverzeichnis

I. Wie ich „auf die Gans“ kam – und was Graugänse so besonders macht

Das Almtal lag an diesem Novembertag 2018 im Nebel. Langsam fuhr ich eine Schotterstraße entlang, überquerte eine kleine Brücke und kam schließlich vor dem alten weißen Haus an, an dessen Mauern sich die knorrigen Zweige einer Kletterrose an einem Spalier emporrankten: der Auingerhof in Grünau, im oberösterreichischen Almtal, erbaut 1779. Konrad Lorenz, Nobelpreisträger und einer der Gründerväter der Verhaltensforschung, hatte sich hier niedergelassen und in den Siebzigerjahren seine berühmten Studien rund um die Graugans (*Anser anser*) durchgeführt.

Und obwohl Lorenz schon lange verstorben ist, verbringen die Graugänse von Grünau ihre Tage immer noch auf der Wiese vor dem Auingerhof. An besagtem Tag 2018 – meinem ersten als Leiterin der Konrad Lorenz Forschungsstelle – waren sie in kleinen Gruppen verstreut, einige lagen näher beieinander, andere weiter voneinander entfernt, und ruhten sich aus. Als ich mich näherte, schauten sie zu mir auf. Die meisten machten ein paar Schritte rückwärts und entfernten sich. Sie rannten nicht weg, aber sie machten sich davon.

Während der ersten Jahre in Grünau stand mein Schreibtisch neben einem der kleinen Fenster des Auingerhofs, durch das ich einen herrlichen Blick auf das Tote Gebirge in der Ferne und die Gänse vor der Tür hatte, die zu Wasser ankamen und abflogen. Ich konnte die Tiere den ganzen Tag über rufen hören, immer wieder brachten mich Ausbrüche von Streitereien und Verfolgungsjagden dazu, vom Bildschirm auf- und aus dem Fenster zu schauen.

Oben: Der Almsee, in Nebel gehüllt, mit Blick auf das Tote Gebirge.

Unten links: Rili, ein fünfjähriges Graugans-Männchen, fliegt an der historischen Konrad Lorenz Forschungsstelle am Auingerhof vorbei.

Unten rechts: Sonia Kleindorfer hinter dem Fenster ihres Arbeitszimmers, darunter jene Bank, auf der Konrad Lorenz täglich Platz nahm, um seine Graugänse zu beobachten.

Im Frühling nach meiner Ankunft, nachdem der Schnee geschmolzen war, der blaugrüne Almfluss über seine kiesigen Ufer trat und die Gänsefamilien ankamen, um ihren Nachwuchs aufzuziehen, geschah etwas Bemerkenswertes: An den exakten Tag kann ich mich nicht mehr erinnern, aber das Gefühl werde ich nie vergessen. Wenn ich nun an den Gänsen vorbeiging, wurde ich immer wieder einmal mit Kontaktrufen begrüßt und keines der Tiere bewegte sich mehr weg. Plötzlich näherte sich mir eine Gans, Tumnus, mit ausgestrecktem Hals – dem typischen Gänsegruß –, bevor sie zu ihrem Partner zurückkehrte, um zu fressen. Ich hatte zwar schon eine Saison in Grünau hinter mir, aber so richtig angekommen fühlte ich mich erst jetzt.

Von den alten Ägyptern wurden Gänse – als Begleiter des Gottes Geb – verehrt, sie standen für die Verbundenheit mit der Erde. Vielleicht rührt diese Symbolik von ihrer bemerkenswerten Fähigkeit, weit zu sehen, ihr Gebiet zu verteidigen und die einzelnen Artgenossen in ihrer Umgebung zu erkennen. Und nicht nur das: Wie wir dank unseren Forschungen mittlerweile wissen, können Graugänse auch einzelne Menschen voneinander unterscheiden.

Die Gänse wissen also, wer zur Schar gehört und wer nicht. Aber woher – und warum?

Das ist eine der vielen Fragen, die wir durch unsere Forschungsarbeit an der Konrad Lorenz Forschungsstelle beantworten wollen. Graugänse haben auf den ersten Blick recht widersprüchliche Eigenschaften. Besonders ausgeprägt ist zum Beispiel ihr Charakter – und zwar hat jede Gans ihren ganz eigenen. Diesen ausgeprägten Individualismus kombinieren sie dennoch mit ihrem starken Bewusstsein für die Gemeinschaft. Gänse leben in Scharen, die aus hundert oder mehreren Tausend Individuen bestehen können, und bewegen sich äußerst behände in ihren sozialen Netzwerken. Dazu kommt ihr ausgezeichneter Sehsinn, auf kurze wie auf lange Distanz: Sie erkennen etwa den Unterschied zwischen einem See- und einem Steinadler, die viele

Hundert Meter entfernt am Himmel kreisen. Genauso können sie aber auch ihre nächsten Nachbarn voneinander unterscheiden und wissen, in welchem Verhältnis sie zu diesen stehen. Die Gans gilt im Volksmund ja häufig als „dumm“, dabei sind ihre Intelligenz und Lernfähigkeit mittlerweile erwiesen.

Ich werde Ihnen in diesem Buch die Geschichte der sozialen Gans erzählen, die uns in Bezug auf die Bewahrung der Artenvielfalt ein Vorbild sein könnte. Die Tiere sind auf frisches Wasser angewiesen und sorgen durch ihr Knabbern am Gras und die häufige Kotabgabe für ein befestigtes und gesundes Flussufer. Gänse werden von Greifvögeln, Füchsen und Eulen erbeutet und sind somit Bestandteil eines vielfältigen Ökosystems. Vorausgesetzt, wir Menschen jagen und töten nicht all ihre Fressfeinde.

Wir beginnen diese Geschichte der sozialen Gans aber mit einer kleinen Zeitreise. Bis ich nämlich 2018 in Grünau die Bekanntschaft der Graugänse machte, führte mich mein Lebensweg rund um den Globus: von meiner Heimatstadt Philadelphia aus über Tansania, Österreich, Ecuadors Amazonas, die Galapagos-Inseln und Australien schließlich ins oberösterreichische Almtal. Und von hier aus springen wir nun rund dreißig Jahre zurück, an einen gar nicht so weit entfernten Ort.

Die Faszination des Eies, am Neusiedler See wie in Australien

Winden am Neusiedlersee im Burgenland, 1991. Eine junge US-amerikanische Dissertantin düst auf ihrem Moped frühmorgens zum Schilf, um Vögel zu beobachten. Das bin ich, in meiner Wathose, einem für Ornitholog*innen unverzichtbaren Kleidungsstück, welches das lange Stehen im Wasser ermöglicht, ohne nass zu werden. Fünf Jahre lang fahre ich von März bis Juli jeden Tag zu den Brutplätzen des Mariskensängers (*Acrocephalus* *melanopogon*), eines recht scheuen Vogels, der im dichten Schilf über flachem Wasser brütet. Ich paddle im Kanu durch den seichten See und suche Nester, baue mir ein Versteck auf, wehre Blutegel und Insekten ab. Die ganze Zeit verhalte ich mich sehr still, mitten im Schilf. Wenn ich daran denke, habe ich immer noch den herrlichen Schlammgeruch von damals in der Nase. Ich stehe stundenlang tief im Wasser, beobachte die Vögel, erst die Eltern beim Brüten, dann die Küken. Beobachte, mache meine Aufzeichnungen und – warte. Manchmal habe ich beim Warten das Gefühl, dass die Zeit gleichzeitig unglaublich langsam und schnell vergeht. Kleines wirkt plötzlich ganz groß, das Surren der Mückenflügel hört sich an wie ein Motor, aber vor mir bewegt sich nichts, außer einer Raupe, die langsam das Schilf anfrisst.

Andere würden vor Langeweile sterben bei so einer Tätigkeit. Ich – zwar studierte Biologin, aber damals nach dem Ausprobieren eines Bürojobs – konnte dagegen mein Glück nicht fassen: Endlich war ich bei der Arbeit wieder im Freien, in der Natur, und dachte mir: *That's exactly what I want to do!* Das ist genau das, was ich machen will. Ich hatte es wirklich probiert mit der „Wirtschaftswelt", in meinem Fall mit ökologischer Wirtschaftsforschung, aber das sollte es einfach nicht sein für mich. Hier, im Schilf, saß ich in meinem Versteck, näherte mich manchmal vorsichtig dem Nest, vermaß Küken und Eier für meine Doktorarbeit – und war glücklich.

Meine Faszination für Eier begann während meiner Beobachtungen und Forschungen für diese Dissertation. Sie spielt im weiteren Verlauf meiner Forschungslaufbahn auch bei den Gänsen eine wichtige Rolle. Vielleicht ist das ein weiblicher Fokus – bekanntlich legen ja Weibchen diese Eier –, aber mir fiel schon damals in den Neunzigerjahren auf, dass Eier bislang in der Verhaltensbiologie völlig außer Acht gelassen worden waren! Zum Beispiel war wenig über die Inkubationstemperatur bekannt, das ist jene Temperatur, die nötig ist, damit sich im

Ei etwas entwickelt. Wie halten Männchen und Weibchen – ob beim Mariskensänger oder bei den Graugänsen – diese konstante Temperatur aufrecht? Wir wissen schließlich: Eier, die es wärmer haben, entwickeln sich schneller und die Küken schlüpfen früher. Damit geraten die Eier weniger in Gefahr, von einem Feind gefressen zu werden.

Aus Respekt vor dem Ei habe ich in meiner Forschungslaufbahn jedenfalls nur einige wenige davon geopfert. Es hat Wochen gedauert, bis ich mich bei den Mariskensängern dazu durchgerungen hatte. Natürlich weiß ich als Biologin, dass durchschnittlich 80 Prozent aller Gelege ausgeraubt werden, weil die Eier ökologisch gesehen eine Nahrungsquelle für viele andere Tiere sind. Wenn ich allerdings nur ein Ei aus einem Nest nehme, das ich dann auch für Tests in weiteren Nestern verwenden kann, ist das ein minimaler Eingriff. Und ich erforsche dadurch die betreffende Vogelart und finde etwas in ihrem Interesse heraus, wodurch sich womöglich auch ihr Schutz besser argumentieren lässt. Genau diesen Nachdenkprozess, dieses Abwägen halte ich für unheimlich wichtig als Forscherin, denn man muss sich bewusst sein: Man ist in jedem Fall ein Stör- oder jedenfalls ein Einflussfaktor.

Das ist bis zu einem gewissen Grad auch in Grünau der Fall. Unsere Graugänse hier leben zwar außerhalb von Gehegen, werden aber von uns zusätzlich gefüttert, seit Konrad Lorenz 1973 die Tiere hier angesiedelt hatte. Manche von ihnen brüten in von uns bereitgestellten Bruthütten, andere bauen sich ihr Nest selbst. Zu den so „gansaufgezogenen" Jungtieren kommen immer wieder auch Handaufzuchten: Verlassene oder teilweise unerwünschte Gelege aus anderen Regionen Europas werden im Inkubator ausgebrütet und dann von „Gänsemüttern" oder „Gänsevätern", meistens Biologiestudierenden oder Freiwilligen aus aller Welt, aufgezogen. Für uns heute ist das wichtig, um mittels Vergleichsstudien mehr über die Lernfähigkeit der kleinen Gänse herauszufinden.

Sonia Kleindorfer als Doktoratsstudentin mit einem Teichrohrsänger im Jahr 1993 am Neusiedler See.

1991, im Schilf am Neusiedler See, hatte ich den Vögeln schweren Herzens ein Ei abgenommen. Ich blies es aus wie ein Osterei und füllte es mit Wachs, um dann später im Nest Temperaturmessungen damit anstellen zu können. Bei den Mariskensängern markierte ich anschließend Männchen und Weibchen und verglich jeweils ihre Bruttemperatur. Waren die Männchen am Brüten, erhöhte sich die Temperatur zwar nicht, blieb aber immerhin stabil. Damit war klar: Die Männchen fungieren gewissermaßen als Teewärmer! Sie können verhindern, dass die Temperatur rasant sinkt, wenn das Weibchen auf Futtersuche geht. Weibliche Singvögel haben im Unterschied zu ihren männlichen Artgenossen einen Brutfleck, der sehr stark durchblutet ist, geradezu pulsiert und dem Weibchen sehr viel Energie abverlangt. Die evolutionären „Kosten" der Inkubation, des Ausbrütens, tragen damit eindeutig die Weibchen. Mit Fokus auf meine heutige Beschäftigung in Grünau stellen sich folgende Fragen: Wie ist das bei den Gänsen?

Hier brüten nur die Weibchen, was machen die Männchen mit all der freien Zeit? Bleiben sie der Partnerin – dem Klischee der monogamen Gans entsprechend – „treu“?
Damals machte ich noch eine andere Beobachtung: Wenn ich dem Nest nahe kam, um die Küken abzumessen oder zu markieren, stießen die Eltern Alarmrufe aus. So weit, so klar. Doch die Jungtiere reagierten darauf immer wieder anders – sie verhielten sich „adaptiv“, wie es in der Verhaltensbiologie heißt. Ich stellte meine „Kükenreaktion-Hypothese“ (*Chick Reaction Hypothesis*) auf, mit der ich testen wollte, ob die Eltern tatsächlich schon zielgerichtet mit ihren Küken kommunizieren.

Dafür positionierte ich Attrappen verschiedener Fressfeinde in der Nähe des Nestes und versteckte mich. Bei der Schlangenattrappe sprangen die Küken nach der Warnung der Eltern aus dem Nest; bei einem ausgestopften Greifvogel duckten sie sich dagegen im Nest. Damit hatte ich für meine Dissertation einen bis dahin nicht studierten Effekt gegenüber Risiko erkannt und konnte ein adaptives Verhalten nicht nur der Eltern, sondern eben auch der Jungvögel nachweisen. Mein Interesse an diesem ganz speziellen Aspekt der Vogelkommunikation war geweckt.

Nach beruflichen Stationen in den USA, der Slowakei, Ecuador und Galapagos nahm ich diese „Chick Reaction Hypothesis“ erst einige Jahre später wieder auf: in Australien. Hierher hatte es mich 2002 mit meinem Mann Norbert, einem gebürtigen Österreicher, und unseren zwei – damals kleinen – Kindern verschlagen. An der Flinders University in Adelaide trat ich mit sechsunddreißig eine Stelle als Dozentin an. Norbert beschloss, in Australien Gesang zu studieren, und sollte sich in den Jahren darauf als Opernsänger etablieren, ich forschte zum Vogelgesang. Als wir uns 1992 im Wiener Jeunesse-Chor kennengelernt hatten, hatten wir noch nicht geahnt, dass uns dieses gemeinsame Interesse für akustischen Ausdruck nicht nur zusammenführen, sondern auch weiter begleiten würde.

Weibchen „sprechen" zu den Eiern

Zwar ist Australien das Ursprungsland aller Singvögel, doch eine lange Tradition der Verhaltensbiologie gab es in Südaustralien nicht. Ich gründete in dieser arbeitsreichen Zeit an der Flinders University in Adelaide ein Bachelor-of-Science-Programm für Verhaltensbiologie und später das „Bird Lab", in dessen Rahmen erstmals in Südaustralien Vogelnester beobachtet wurden. Zum Beispiel jene des Prachtstaffelschwanzes (*Malurus cyaneus*), eines kleinen, geselligen Vogels, der vor Ort recht häufig vorkommt. Wie damals beim Mariskensänger wollte ich an seinem Beispiel herausfinden: Wie kommunizieren die Elternvögel miteinander und später mit dem Nachwuchs in Risikosituationen?

Wir installierten also dreißig Zentimeter unterhalb der Nester Kameras, die Ton und Bild aufnahmen. Das war recht aufwendig, denn dafür wurden alle in unserem Testgelände entdeckten Nester verkabelt und ein Stromgenerator eingegraben. Und dann hieß es wieder: warten.

Erneut wurde das Warten mit einer Zufallsentdeckung belohnt: Wir sahen in den Aufnahmen, dass die weiblichen Vögel bereits während des Brütens, also noch vor dem Schlüpfen der Jungen, immer wieder lange Rufe ausstießen; Männchen war dagegen weit und breit keines zu sehen. Diese Lautäußerung war einigermaßen unlogisch, denn die einhellige Meinung war damals: Die Weibchen sollten möglichst unauffällig sein, weil sie sonst Nestfeinde auf ihr Gelege aufmerksam machen könnten. Eigenartig, denn wenn ich sie nun in unserem Experiment rufen hören konnte, dann konnten das auch die Fressfeinde wie Currawong und Rabe bzw. Brutparasiten wie Kuckucke. Warum also riefen die Weibchen?

Die erstaunliche Erklärung war: Sie sprechen zu den Eiern! Dieses Verhalten kannten wir in der Verhaltensbiologie ansonsten nur – und hier schließt sich für mich ein Kreis – von den Anatiden,

den Entenvögeln, zu denen auch die Graugänse gehören. Von ihnen wissen wir, dass die Embryonen wenige Tage vor dem Schlüpfen auf die Ansprache ihrer Mütter von draußen sogar antworten, und zwar mit einem zarten „Vivi"-Ruf.

Auch ich selbst wartete nach sechzehn Jahren in Australien auf eine „Ansprache von draußen" – als Verhaltensbiologin war ich in dieser Weltregion beinahe eine Einzelkämpferin. In Adelaide befand ich mich ganz an der Peripherie: Das Nächste, was Sie von der Küste dort sehen können, ist die Antarktis! Es ist großartig, eine Vorreiterin zu sein – die schließlich dankbar ein erfolgreiches und wachsendes Department für Verhaltensbiologie zurücklassen durfte. Aber es war auch anstrengend. Ich sehnte mich deshalb sehr nach professionellem Austausch, nach Gesprächspartner*innen, dürstete förmlich danach, wieder Teil eines Diskurses zu sein, für den sich viele interessieren. In der weltweiten Verhaltensforschung ist Österreich – auch dank Konrad Lorenz – ein Epizentrum. Kurt Kotrschal, langjähriger Leiter der Konrad Lorenz Forschungsstelle in Grünau, war zu dieser Zeit auf seinem Sprung in die Pension. Welch glückliche Fügung, dass wir familiäre Beziehungen nach Österreich haben und ich die Sprache spreche.

Angekommen im Almtal

Der Almsee liegt ganz im hintersten Winkel des Almtals, vor der spektakulären Kulisse des Toten Gebirges, das Oberösterreich von der Steiermark trennt. Der See und sein Ufer befinden sich in Privatbesitz, er ist ringsum völlig unverbaut, nur zwei Gasthöfe stehen dort. Nachdem ich im Jänner 2018 ein mehrstufiges Auswahlverfahren für die neue Leitung der Konrad Lorenz Forschungsstelle in Wien absolviert hatte, lud mich Kurt nach Grünau ein, um die Forschungsstelle zu besuchen. Ein Teil der Besichtigung bestand aus einem Spaziergang am Ufer des Almsees.

Der Schnee knirschte unter unseren Füßen und ich musste beim Gehen sehr vorsichtig sein – nach sechzehn Jahren in Australien hatte ich glatt verlernt, im Schnee zu gehen! Während ich also versuchte, nicht wie eine komplette Närrin zu wirken und auf dem Weg auszurutschen, erzählte Kurt mir eine bemerkenswerte Geschichte aus der Lorenz-Zeit: Eines Abends, bei einer Veranstaltung zu Ehren des Nobelpreisträgers, hatten ein paar seiner Studierenden ein Plakat mit dreißig Gänsegesichtern gestaltet. Bei Wein und guter Laune versuchte Lorenz, alle dreißig Gänse auf den Fotos richtig zu identifizieren. Das Ergebnis: Er machte einen Fehler und verwechselte zwei Gänse – es handelte sich um Schwestern.

Am nächsten Morgen wachte ich mit einem Gedanken auf: Meine Güte, Gänse haben individuell unterschiedliche Gesichter! Ein paar Tage später war ich wieder in Australien an meinem gewohnten Studienort im Wildpark bei den Prachtstaffelvögeln. Plötzlich geriet eine wunderschöne – und übrigens völlig unerforschte – „Cape Barren"-Gans in mein Blickfeld! Ich fing sofort an, Fotos zu machen und kontaktierte später einen Software-Ingenieur, mit dem ich Jahre zuvor zusammengearbeitet hatte. Damals hatte ich ihn gebeten, eine Software zur Messung der Schnabellänge von Darwinfinken zu entwickeln. Diesmal erklärte er sich bereit, eine Gesichtserkennungssoftware für Gänse zu entwickeln, wenn das denn machbar wäre.

Bald nachdem ich mit der Leitung der Forschungsstelle in Grünau beauftragt worden war, schickte ich Gänsefotos nach Adelaide. Damit machten wir einerseits wenig später ein bahnbrechendes Experiment: Ein Masterstudent stellte die Fotos als lebensgroße Ausdrucke am Gelände auf und konfrontierte die Gänse damit. Tatsächlich begegneten die jeweiligen Partnergänse ihren abgebildeten Artgenossen mit Kontaktrufen – sie erkannten sie also anhand ihrer Fotos. Andererseits entwickelten wir mithilfe dieses Fotosatzes auch eine Gesichtserkennungssoftware für Gänse – die uns auch beim Artenschutz nützlich sein wird.

Die Graugans ist ein berühmtes Wesen in der Verhaltensbiologie. Sie ist gut erforscht, aber sie gibt uns auch immer wieder neue Rätsel auf. Ein solches sind die schon erwähnten „Vivi"-Rufe aus dem Ei, um die es ausführlicher in Kapitel 4 gehen wird. Obwohl es eindeutige Belege für die Existenz der „Vivi"-Rufe aus dem Ei gibt, deuten aktuelle Forschungen darauf hin, dass sich die charakteristische Stimme jeder Graugans, die mit dem „Vivi"-Ruf beginnt, erst im Laufe ihres Lebens entwickelt. Wie, wissen wir nicht, aber: Im ersten Jahr wandelt sich das „Vivi" als Kontaktruf bei allen Graugänsen langsam zu einem „Gang-gang", das dann ganz individuell gefärbt ist. Diese vokale Komplexität interessiert mich besonders, sie will ich besser verstehen.

Wie schon eingangs erwähnt, haben Gänse mehrere Dinge mit uns Menschen gemein: Wenn Gänse mit ihrer Umgebung vertraut sind, können sie speziesübergreifend feststellen, wer zur Schar gehört und wer nicht. In der Antike waren Gänse daher auch als Wachtiere im Einsatz, verlässlich wie Hunde. Eine der bekanntesten Geschichten ist in diesem Zusammenhang jene um den Heiligen Martin: Er wollte sich dem für ihn vorgesehenen Bischofsamt entziehen und versteckte sich im Gänsestall. Die Tiere aber verrieten ihn durch ihr lautes Geschrei.

Sowohl ihre unverwechselbaren Gesichter wie auch ihre einzigartigen Stimmen deuten darauf hin, dass Gänse ein großes soziales Bewusstsein haben und eine sehr feinsinnige Wahrnehmung von individuellen Unterschieden. Aber warum? Welchen evolutionären Sinn mag das Herausbilden von Unterscheidbarkeiten ergeben, wie sie sich zum Beispiel in Gesichtern – bei Gänsen wie bei Menschen – zeigt?

Dieser Fokus auf die Individualität der Tiere verbindet mich mit Konrad Lorenz, der das Individuum geradezu feierte. Er gab seinen Tieren Namen, er „kannte" sie – im doppelten Sinn: Er erkannte sie anhand ihres Aussehens, kannte aber auch ihre Biografien und Eigenschaften wie die von Freunden. Für uns ist die

Linke Seite: Buchenflug, ein 2014 geschlüpftes Graugans-Männchen, schlendert gemütlich die Schotterstraße in Richtung Auingerhof entlang.

Oben: Babaco, geschlüpft im Jahr 2015, im Schnee. Die Graugänse der Konrad Lorenz Forschungsstelle bleiben das ganze Jahr über im Almtal.

Unten: Tumnus, die erste Graugans, die Sonia Kleindorfer bei ihrem Antritt als Leiterin in Grünau mit einem freundlichen Graugans-Hallo begrüßte.

Individualität der Tiere heute einer unserer Forschungsschwerpunkte. Eine Population ist die Summe ihrer Individuen, jedes von ihnen hat seine Geschichte – so wie ich meine ganz individuelle, verschlungene Lebensgeschichte habe, so haben sie auch die Gänse. Mich haben einerseits meine Charaktereigenschaften, mein breites Interesse, meine Neugier geprägt, aber andererseits auch äußere Einflüsse, die erste Feldforschung in Afrika, unser langer Aufenthalt in Australien – aber bestimmt auch meine Biologielehrerin an der Highschool, die überhaupt erst mein Studieninteresse für die Biologie entfachte. Was, wenn es sie nicht gegeben hätte? Wäre ich dieselbe oder wäre ich heute eine ganz andere Person?

Welche Erfahrungen im Leben einer Graugans prägen ihren individuellen Charakter? Von Anfang an haben die Persönlichkeit der Eltern und die Anzahl der Geschwister, mit denen sie aufgewachsen sind, den stärksten Einfluss darauf, wie ein Gänsejunges die Welt erlebt. Ein Gänseküken kann mit wachsamen und mutigen Eltern und vielen Geschwistern aufwachsen, die es verteidigen, oder es kann sich unsicher fühlen, vielleicht mit neophobischen Eltern und ohne Brüder oder Schwestern zur Unterstützung. Vielleicht kommt einer der Elternteile aus Kroatien oder Deutschland und der andere aus dem Almtal? Interkulturelle elterliche Einflüsse würden neue Familientraditionen mit sich bringen. Und wenn die Zieheltern des Gänsekükens Menschen waren, ist es natürlich wahrscheinlicher, dass es Menschen als Quelle des Wohlbefindens sieht.

In diesem Buch erforschen wir gemeinsam die bemerkenswerten Fähigkeiten der Graugänse. Wir werden die soziale Komplexität ihres Lebens ebenso kennenlernen wie ihre kognitiven Fähigkeiten, wie sie also die Welt um sich herum wahrnehmen. Gänse sind zum Beispiel die Rekordhalter aller bisher untersuchten Arten im „Blickfolgen“: Bereits im Alter von zehn Tagen folgen sie den Blicken ihrer Artgenossen und werden so frühzeitig auf günstige Gelegenheiten aufmerksam – aber auch auf Gefahren. Vor diesem Hintergrund der ständigen Bedrohung durch Beutegreifer spielt sich ihr Leben ab; sie stehen ständig unter Stress. Wie reduzieren sie diesen Stress auf ein Maß, das ihr Überleben und das ihres Nachwuchses ermöglicht?

So wie Konrad Lorenz in seiner Forschungsarbeit möchte ich Ihren Blick auf die Individualität der Tiere lenken: Wir werden Sinda, Timber und Murphy und Dorothea begegnen. Wir werden die weitgereiste Lavender, den ältesten Senior Joshua und das Einzelkind Diega kennenlernen. Diese äußerst wachsamen Pflanzenfresser sind höchst resilient. Sie stabilisieren Ökosysteme, sie schaffen es, sich mit dem Klimawandel zu arrangieren. Sie verärgern manche Menschen und erfreuen andere. Unter ihren Gänsegenossen können sie hartnäckige Rivalitäten und langfristige Allianzen eingehen. Was können wir von den Graugänsen lernen, für ihr, für unser Leben und Überleben in dieser Welt? Das werden wir im Laufe dieser anderen Art von Lesereise erkunden.

Fünf Geschwister auf dem Weg zu ihrer Individualität. Sie werden einerseits zu ausgeprägten Charakteren heranwachsen und andererseits sehr soziale Mitglieder einer Schar bilden.

Die Graugans auf einen Blick

Familie	Anatidae: Die Anatiden sind die biologische Familie der Entenvögel, zu der Enten, Gänse, Säger und Schwäne gehören.
Gattung	Anser
Art	anser
Körpergewicht erwachsener Graugänse	3 bis 5 kg
Flügelspannweite	150 cm
Ei (Gewicht)	170 g
Ei (Größe)	8 cm
Gelegegröße	3 bis 7 Eier
Inkubationsdauer	28 Tage
Alter, in dem die Tiere flügge werden	3 Monate

Lebensalter bei der ersten Liebe	1 bis 2 Jahre
Anzahl der Partner	1 bis 8
Lebensalter bei der ersten Brut	2 Jahre
Maximale Lebenszeit	25 Jahre und mehr
Durchschnittliches Alter	8 Jahre
Mauser (Federwechsel) pro Jahr	3 Monate
Größe der Subgruppe	15 bis 50 Individuen
Größe der Schar	ca. 100 bis mehrere Tausend
Anzahl der unterschiedlichen Lautäußerungen	ca. 10
Ernährung	Pflanzenfresser, Herbivore

Soziale Organisation

Gruppenleben mit weiblicher Subclan-Struktur

Paarbindung

Ein Männchen und ein Weibchen stehen in enger Beziehung zueinander und können gemeinsam Nachwuchs aufziehen.

Homosoziales Paar

Zwei Männchen sind eng miteinander verbunden und unterstützen sich gegenseitig in verschiedenen sozialen Kontexten.

„Aug-hoch"-Verhalten

Eine Gans neigt ihren Kopf zur Seite und hält Ausschau nach Beutegreifern in der Luft.

Triumphzug

Das Männchen verjagt ein rivalisierendes Männchen und umkreist das auserwählte Weibchen, während es mit ausgebreiteten Flügeln ruft; sowohl das Männchen als auch das Weibchen verbeugen sich am Ende mit ausgestrecktem Hals. Dieses Verhalten stärkt die Paarbindung.

Nest und Bruthütte

Das Nest besteht aus Stöcken und Gräsern, die lose zusammengesetzt sind. Manchmal nisten Graugänse in von Menschen bereitgestellten Bruthütten. Im Almtal stehen die Nisthütten in Teichen und werden von den Gänsen bevorzugt, weil diese Nistplätze sicher vor Füchsen sind, die kein Wasser mögen.

Inkubation

Das Weibchen versorgt die Eier mit Wärme durch einen Brutfleck. Die Inkubation ist ein ausschließlich weibliches Verhalten.

Nestflüchter

Gössel sind beim Schlüpfen selbstständig, daher wird die Art als „Nestflüchter" bezeichnet. Die Jungen können bereits nach dem Schlüpfen schwimmen, laufen und selbstständig nach Nahrung suchen. Sie können fliegen, sobald ihre Federn wachsen und wenn sie im Alter von etwa 3 Monaten stark genug sind.

Hudern

Normalerweise wärmt nur das Weibchen die Gänseküken unter seinen Flügeln, ein Verhalten, das Hudern genannt wird. Manchmal tut dies auch das Männchen, aber das ist sehr selten.

Erster Familienflug

Während der Brutzeit und der Familienphase wechseln die erwachsenen Gänse ihr Gefieder; alte abgenutzte Federn werden durch neue ersetzt. Diese Mauserperiode dauert etwa drei Monate. Die Elterntiere sind mit ihren neuen Federn zur gleichen Zeit flugbereit, wenn die Gössel ihre Flugfedern voll ausgebildet haben und stark genug zum Fliegen sind. Das geschieht jedes Jahr um den Juli herum.

Typusart

Die Graugans ist die Typusart der Gattung Anser. Eine Typusart ist die Art, die als das beste Beispiel für die Merkmale der Gattung gilt.

Domestizierung

Die Graugans war eines der ersten Tiere, das vor etwa 3.000 Jahren im alten Ägypten domestiziert wurde. Die Hausgans ist eine Unterart der Graugans. Sie können sich miteinander kreuzen, wobei die Nachkommen sowohl Merkmale der Wild- als auch der Hausgans aufweisen.

2. Die Gänse von Grünau: Liebe, Eifersucht – und jede Menge Drama

Viele Menschen, die mit einer Biologin oder einem Biologen befreundet sind, wissen, dass man vorsichtig sein muss, wenn man die Tiefkühltruhe in seinem Zuhause öffnet. Bei der Suche nach Vanilleeis kann es nämlich passieren, dass man auf etwas weniger Köstliches stößt: auf eine Kollektion gefrorener Kotproben zum Beispiel. Was für ein Pech für meine Freunde, dass ich einst sowohl Eisverkäuferin als auch junge Biologin war!

Die Exkremente von Vögeln sind eine besondere Sache. Vögel haben nämlich eine Kloake, mit der sie kopulieren, urinieren, koten, Eier legen und so weiter. Der Begriff leitet sich vom lateinischen „cluo“ ab, was „reinigen“ bedeutet und die Kloake zu einem „Abflussrohr“ macht. Die meisten Tiere verfügen über so einen einzigen Ausführgang für den Geschlechts-, Fortpflanzungs- und Harntrakt. Nur jene Säugetiere, die ihre Föten mit einer Plazenta, einem Mutterkuchen, versorgen – wie wir Menschen –, haben zwei oder drei separate Öffnungen für die Entleerung.

Im Fall der Vogelexkremente werden also Kot und Urin im gleichen Abgang produziert – deshalb ist „Kacke“ für die Ausscheidung eigentlich nicht korrekt, es handelt sich eben um einen Mix. Vogelexkremente haben in der Regel keinen Geruch, vor allem nicht bei reinen Herbivoren, also Pflanzenfressern, zu denen die Gänse zählen. Ihr Kot besteht hauptsächlich aus den Resten von Gräsern – und außerdem aus den wertvollen Hormonen, Steroiden und Mikrobiota, die wir messen wollen.

Warum diese biologische Faszination für Kot, werden Sie sich fragen? Einer der Vorteile von Exkrementen ist, dass sie auf nicht invasive Weise gewonnen werden können. Das Tier muss dafür also nicht gefangen werden – was Gänse überhaupt nicht leiden können, manchmal sind sie deshalb tagelang beleidigt. Und: Dem Tier muss auch kein Blut abgenommen werden. Stattdessen beobachten wir das Tier und wenn es kackt, sind wir zur Stelle und nehmen die frische Probe auf. Diese Probe enthält unfassbar viele Informationen. Kot erzählt ganze Geschichten darüber, was das Tier gefressen hat, wie gestresst es ist, welches Geschlecht es hat und – gerade sehr in Mode in der Forschung – über welches Mikrobiom es verfügt.

Mikrobiome sind Welten innerhalb von Welten, Gemeinschaften von Bakterien und anderen Kleinstlebewesen, die etwa unsere Haut vor Schädigung schützen oder uns bei der Verdauung unserer Nahrung helfen. Je mehr wir über das Mikrobiom erfahren, desto mehr wissen wir über seinen Einfluss auf die Effizienz unseres Darms, auf unsere psychische Gesundheit, ja sogar auf unsere Stimmungslage oder die Art und Weise, wie wir uns als Partner oder Eltern verhalten.

Weil das alles möglich ist – und weil Gänse eben in vielen kleinen Portionen kacken –, ist Kot nicht nur eine im Überfluss vorhandene und gleichzeitig wertvolle Ressource, sondern auch ein ganz besonderer Zugang zur Gans.

Es ist auch ganz einfach, Gänsekot zu sammeln. Zuerst muss man wissen, welche Gans „beprobt" werden soll und ihr gezielt folgen. Da alle unsere Gänse individuelle Farbringe an ihren Füßen tragen, sind sie einfach zu identifizieren. Einem Gänsepopo zuzuschauen, mag vielleicht eigenartig erscheinen, aber tatsächlich ist es sehr entspannend. Oft bewegen sich die Gänse nicht einmal weg, wenn man sich als Forscherin ein paar Stunden lang in der Nähe ihrer Federschwänze aufhält.

Wir wollten in einer Untersuchung anhand von Kotproben Folgendes herausfinden: Sind verpaarte Tiere bessere Futterverwerter als alleinstehende, das heißt, können sie die Energie aus der zu sich genommenen Nahrung besser nutzen? Graugänse können sich zwar schon im ersten Lebensjahr verlieben, aber normalerweise legen sie erst im zweiten Jahr Eier und versuchen, eine Familie aufzuziehen. Sie können mehrere Jahre und manchmal sogar ihr ganzes Leben lang mit demselben Partner zusammenbleiben, was als soziale Monogamie bezeichnet wird. An neun aufeinanderfolgenden Tagen im Februar 2017, sowie in anderen Jahren auch, war aufgrund einer dicken Schneedecke kein anderes Futter verfügbar als die rein pflanzlichen Graspellets, die wir den Gänsen zweimal täglich füttern. An diesen Tagen sammelten wir deshalb die Exkremente der Gänse, etwa des alten – und gerade wieder frisch getrennten – Ivan, 24 Jahre alt und der Casanova unserer Schar, der damals erst zweijährigen und damit jugendlichen Dorothea und auch von Luna, die zwar ein Nest gebaut, aber schließlich keinen Schlupferfolg hatte, denn die Eier wurden von Fressfeinden erbeutet.

Was das Brutverhalten der Gänse betrifft, beginnt es damit, dass in der Brutzeit, meistens im März, das Weibchen bis zu sieben Eier legt, durchschnittlich sind es fünf, die 28 Tage von ihr allein bebrütet werden, unterbrochen nur von kurzen Fresspausen. Für die energetisch aufwendige Brutzeit muss sich die Gans schon vorab Reserven anfuttern. Timber war die Gans bei uns in Grünau, die im Laufe ihres Lebens die meisten Eier gelegt hat, stolze 126 Stück. Sie selbst wurde fast zwanzig Jahre alt; zum Vergleich: Die durchschnittliche Lebenserwartung von Gänsen liegt bei acht Jahren, wobei manche auch fünfundzwanzig Jahre erreichen. Viele ihrer Gössel haben überlebt. Ihr Ganter Murphy war ihr dabei ein fürsorglicher und wachsamer Partner: Die Männchen bleiben in der Nähe der Nester, um sie bei Bedarf zum Beispiel gegen Füchse verteidigen zu können. In Grünau haben wir deshalb, wie bereits erwähnt, Bruthütten auf niedrigen Stelzen mitten im Flussbett der Alm angelegt – durchs Wasser traut sich der Fuchs nicht!

Sobald die Küken geschlüpft sind, werden die jungen Gänseküken von beiden Elternteilen betreut. Beide Elternteile halten Ausschau nach Bedrohungen und Futtergelegenheiten in der Umgebung. In der Gruppe an der Konrad Lorenz Forschungsstelle, in der sich alle

Oben links: Dorothea vor einer Bruthütte mit ihren fünf Gösseln, die gerade aus den Eiern im Nest in der Hütte geschlüpft sind.

Oben rechts: Buche, die Partnerin von Julian, dem ältesten Männchen der Schar, beim Hudern ihrer drei Gössel.

Mitte links: Die Gössel der handaufgezogenen B-Familie lernen, was gut schmeckt und wo man es findet.

Mitte rechts: Eisbrecher, der etwa fünf Monate alt ist, streckt seine Flügel aus und wird mit jeder Woche kräftiger beim Fliegen.

Unten: Timber und Murphy beim gemeinsamen Fressen. Sie waren das erfolgreichste Paar in der Geschichte der KLF-Schar. Timber legte 126 Eier, und gemeinsam zogen sie 15 Nachkommen auf, die mindestens zwei Jahre alt wurden. Das Paar war 19 Jahre lang zusammen.

Erwachsenen kennen, kümmern sich die Eltern in der Regel um eine Gruppe aus einem bis sechs Gösseln, in 95 Prozent der Fälle handelt es sich dabei um ihren eigenen Nachwuchs. Beide Elternteile sind während der gesamten Aufzucht der Gössel sehr wachsam.

Denn die richtig gefährliche Zeit beginnt nach dem Schlupf der Gössel, wenn die Jungfamilien ihre Nester und damit die Hütten am Wasser verlassen und vor allem nachts Fressfeinden ausgesetzt sind. Die Gössel neigen außerdem zur Unterkühlung und müssen in den ersten paar Wochen regelmäßig von der Mutter „gehudert", also: wortwörtlich unter die Fittiche genommen werden. Selbstständig fressen, das tun sie aber, sobald sie das Nest verlassen. Sie schenken dabei den Schnäbeln ihrer Eltern große Aufmerksamkeit, wodurch sich so etwas wie „Futtertraditionen" einstellen. Oder auch Nisttraditionen: Viele Gänsemütter sind nistplatztreu und geben ihre Präferenz auch an die Töchter weiter.

An einem schneereichen Wintermorgen konzentriere ich mich also auf die weißen Federn rund um Ivans Kloake, die unter seinen grauen Schwanzfedern sichtbar sind, und gehe im Gleichschritt mit der Gans mit. Dann kackt Ivan und ich bin glücklich. Die Kotproben der Gänse sind ziemlich groß, ein paar Zentimeter lang. Ich greife nach dem Holzspatel und dem kleinen Plastikröhrchen und fülle die Kotprobe ein. Ich beschrifte das Röhrchen deutlich und lege es zu den anderen Röhrchen, die ich bereits gesammelt habe. Ausgezeichnet, diese neue Probe ist bereits die dritte von Ivan an diesem Morgen, und es ist erst eine Stunde vergangen.

Seit mittlerweile einem halben Jahrhundert werden die Graugänse im Almtal erforscht, unsere Schar ist damit auch grundsätzlich sehr gut an die Anwesenheit von Menschen gewöhnt. Jedes flügge gewordene Tier wird mit einem bunten Fußring markiert und hat ab diesem Zeitpunkt einen Platz in unserem Stammbaum, der lange als Tafel in der Forschungsstation hing bzw. immer noch hängt. Mittlerweile liegt die jeweils aktuellste Version aber freilich als digitaler Datensatz vor. Die Aufzeichnungen reichen bis ins Jahr

1952 zurück, als Lorenz, damals noch im oberbayerischen Seewiesen, diese anzulegen begann.

Mit diesen Datensätzen gibt es zum einen eine riesige Menge an Informationen zu den Graugänsen – und das nicht nur bei uns: Auch in Dänemark, Schweden, Norwegen und Deutschland werden die Tiere systematisch beobachtet. Wir kennen somit ihr Alter, die Partner- und Freundschaftsbeziehungen, ihren körperlichen Zustand, Brutzeiten und -erfolge unserer Individuen. Zum anderen erleichtern uns die Gänse durch ihr spezifisches Verhalten ihre Erforschung: Die Tiere können sich zwar in allen Sphären fortbewegen – in der Luft, zu Wasser wie an Land. Sie sind aber doch meistens in Gruppen oder Paaren in gemächlichem Tempo auf festem Boden unterwegs, was die Beobachtung ihrer Interaktionen für uns Menschen sehr einfach macht.

Eine Gans hat's auch nicht leicht: das Leben in der sozial komplexen Schar

Graugänse bieten aufgrund ihres Verhaltens eine hervorragende Möglichkeit, die Vor- und Nachteile des sozialen Zusammenlebens einer Art zu erforschen. Und ich sage Ihnen: In so einer Gänseschar spielen sich oft wahre Dramen ab – Kämpfe und Versöhnungen, heiße Liebe und giftige Eifersucht.

Wie können wir ihr Zusammenleben besser verstehen – und daraus vielleicht auch etwas über uns selbst lernen? Ich verwende zwar nicht Begriffe wie „Freundschaft“ oder „Feindschaft“, um Beziehungen unter Graugänsen zu beschreiben, sondern ich beschreibe, wie ihr Verhalten aussieht. Als umgangssprachliches Beispiel für das, was die meisten von uns als „Freundschaft“ bezeichnen würden, beschreibe ich ihre soziale Verbundenheit. Ihr sozialer Zusammenhalt lässt sich etwa über die räumliche Nähe und die Reaktionsbereitschaft auf die Kontaktrufe der Artgenossen beschreiben. Einige Graugänse tauschen über die Jahre hinweg viele affiliative Verhaltensweisen aus, also ein Verhalten, das als eine positive Verhaltensinteraktion interpretiert wird. Ein solcher Austausch ist auch häufig zwischen Nichtverwandten zu beobachten, die man umgangssprachlich als Freunde bezeichnen könnte, oder, wie ich es ausdrücke, als Teil des sozialen Netzwerks, dem sie angehören.

Aus Beobachtungen kennen wir zum Beispiel folgendes Verhalten: Nach kurzer Trennung oder auch nach Aufregung in der Schar, weil es Streit gab, kommen die sozial verbündeten Tiere wieder zusammen und „grüßen" einander dabei, wie bereits beschrieben, mit geducktem, ausgestrecktem Hals. Tun sie das, um ihre Familien- oder Freundschaftsbande zu stärken? Um einander zu signalisieren „Ich bin für dich da"? Und wenn das der Fall ist, welchen Zweck erfüllen dann solche oder andere Unterstützungserklärungen?

Liebe geht doch durch den Magen, heißt es. Wir vermuten ja – wie eingangs beschrieben –, dass die Beziehungen unter den Gänsen auch beeinflussen, ob sie jeweils gute oder schlechte Futterverwerter sind. Deshalb haben wir ihre Exkremente damals nicht nur eingesammelt, sondern auch getrocknet. Anschließend wurde der Ligningehalt sowohl in den ursprünglichen Futterpellets als auch in den Droppings, den Kotproben, der einzelnen Gänse festgestellt. Lignin ist ein unverdaulicher Pflanzeninhaltsstoff, der zum Beispiel die Festigkeit von Holz, aber auch von Gräsern ausmacht. Für unsere Untersuchung nutzten wir Lignin als natürlichen Marker: Er liefert uns Informationen darüber, wie viel Futter von jedem Tier aufgenommen, physiologisch verwertet und schließlich ausgeschieden wurde.

Die Ergebnisse bestätigten, was wir bereits angenommen hatten: Verpartnerte Gänse mit Nachwuchs waren bessere Futterverwerter als jene ohne Nachwuchs oder alleinstehende. Auch Individuen mit stabilen Sozialbeziehungen zeigten eine höhere Verdauungseffizienz.

Wir nehmen an, dass Paare mit Nachwuchs zum Beispiel davon profitieren, dass auch schon die Jungen dabei helfen, ständig „die Lage zu checken", sich also nach möglichen Gefahren oder Herausforderungen umzuschauen, während die übrigen Familienmitglieder in Ruhe fressen können. Gänsemütter waren zum Beispiel sozial schwierigen Situationen besser gewachsen, wenn sie von mindestens drei flügge gewordenen Jungtieren begleitet wurden.

Die Mitglieder von Gänsefamilien besetzen deshalb häufig auch die obersten Positionen in der Rangordnung einer Schar, wobei hier auch immer wieder nachjustiert wird. Allerdings kommt es im Zusammenleben nicht nur auf diese „Dominanz" eines Individuums an, sondern auch auf andere Parameter, zum Beispiel auf die „Persönlichkeit" der jeweiligen Gans. In Kapitel 9 werden wir in diesem Zusammenhang noch von „Influencer"-Gänsen hören, die vielleicht nicht die Ersten am Futtertrog sind – aber dafür auf andere Art und Weise einflussreich.

Besondere Beziehungen bestehen bei den Graugänsen jedenfalls nicht nur zwischen einzelnen heterosexuellen Paarpartnern oder auch bei Paaren gleichen Geschlechts, sondern insbesondere auch zwischen den weiblichen Mitgliedern einer Schar; seltener gibt es auch Dreiergespanne. Weibchen stecken viel Energie in das Legen und Bebrüten der Eier, ins Führen und Wärmen der Gössel. Weibliche Gänse haben damit einen höheren energetischen Aufwand als Männchen. Es erscheint logisch, dass sie sich deshalb gegenseitig besonders unterstützen. Schwestern etwa bleiben einander auch im Erwachsenenalter nah – im ganz wörtlichen Sinn: Beim Rasten liegen sie meist nicht weit voneinander, selbst wenn sie bereits verpaart sind. Bei Brüdern ist das nicht so.

Es sieht ganz so aus, als würden diese Beziehungen und Verbindungen untereinander den weiblichen Gänsen das soziale Leben leichter machen. Dieses Verhalten ist im Übrigen nicht gänsespezifisch: Auch Löwinnen dürften einander unterstützen, um Stress zu verringern. Paviane suchen sich in unsicheren Zeiten ihre Partner bei der gegenseitigen Fellpflege (*grooming*) danach aus, ob sie auch im Sozialen als Verbündete auf sie zählen können. Ganz besonders wichtig ist die Unterstützung der Weibchen untereinander auch bei den Elefanten, die in eigenen Herdenverbänden aus Großmüttern, Müttern, Schwestern und Jungen leben. Die erfahrensten Mitglieder der Gruppe, die Matriarchen, wissen, wo sie bei Trockenheit nach Wasser suchen müssen und wer unter den vielen Elefanten, die man treffen kann, ein positiver sozialer Verbündeter ist. Dieses Gedächtnis für soziale Verbündete reduziert den Stress, wenn eine junge Mutter zum ersten Mal auf andere Elefanten trifft.

Diese unterschiedlichen sozialen Ebenen im Zusammenleben der Gänse vermitteln einen ersten Eindruck von dessen Komplexität – und diese Komplexität wird sich Ihnen im Laufe des Buches Stück für Stück erschließen. Was dabei allerdings unter „komplex“ zu verstehen ist, darüber herrscht auch in der Verhaltensbiologie kein Konsens. Jedenfalls scheinen vor allem jene Tiere ein Zusammenleben in der großen Gruppe evolutionsbiologisch nutzen zu können, die über große Gehirne bzw. Gehirne mit vielen Neuronen und gute kognitive Fähigkeiten, also Fähigkeiten des Wahrnehmens und Denkens, verfügen. Während Vögel in dieser Hinsicht den Säugetieren lange als unterlegen galten, ist mittlerweile bestätigt, dass einige Vogelarten – darunter auch die Gänse – etwa soziales Lernen beherrschen. Sie lernen zum Beispiel allein durch das Beobachten von Artgenossen.

Wissenschaftlich würden wir sagen – und diese Unterscheidung geht auf den Zoologen Nikolaas Tinbergen zurück, der gemeinsam mit Lorenz und Karl von Frisch den Nobelpreis bekam –: Wie ein Individuum sich verhält, ist immer von mehreren Faktoren abhängig. Zum Beispiel von sogenannten „proximaten“ Mechanismen, die sich aus der unmittelbaren Situation ergeben, und „ultimaten“ Funktionen – damit sind evolutionsbiologische Zusammenhänge gemeint im Sinne von: Welchen Anpassungswert hat ein bestimmtes Verhalten für ein Tier? Ist es beispielsweise angesichts des Klimawandels für manche Vögel effizienter – im Sinne ihrer biologischen Fitness –, im Herbst nicht mehr den anstrengenden und gefährlichen Flug Richtung Süden anzutreten? Ist es für den Fortpflanzungserfolg der Graugänse möglicherweise effizienter, in Paaren zusammenzuleben?

Um proximate Erklärungsebenen zu verstehen, können wir zum Beispiel versuchen, physiologische Prozesse oder Entwicklungsprozesse einzuordnen. Bei den Graugänsen haben wir durch unsere Analysen der Herzfrequenz oder der Hormonkonzentration und bei detaillierten Beobachtungen der Wachstums- und Lernphasen der Gänseküken, auch während der Handaufzucht, Einblicke in diese Ebene gewonnen. Auf der adaptiven Ebene können wir Unterschiede in der Überlebenswahrscheinlichkeit über Jahre hinweg oder den Paarungserfolg und die Anzahl der Nachkommen messen. Sie werden viele Beispiele kennenlernen, die eine Brücke zwischen diesen Ebenen der Fragestellung in der Biologie schlagen. Die Bedeutung der Graugans für die Erfassung aller dieser Analyseebenen in einem biologischen System kann nicht stark genug betont werden. Ich glaube nicht, dass es ein anderes Lebewesen auf der Erde gibt, das wir so gut an Land beobachten können, obwohl es auch fliegt, schwimmt und Eier legt.

Grasen am Badestrand? Wo Gast und Gans aneinandergeraten

„Komm, komm!“, ruft mein Kollege Josef Hemetsberger, den wir alle hier Sepp nennen, den Graugänsen am Oberganslbach zu. Sepp hat Futterpellets aus einer blauen Plastiktonne in seinen Kübel geschöpft und geht damit zu dem seit fünfzig Jahren bestehenden Futterplatz der Forschungsstelle. Der Frühling 2023 war feucht und kalt, nur wenige heuer geschlüpfte Gössel haben ihn bisher überlebt: Während es in anderen Jahren um diese Zeit bei der Fütterung nur so wuselte, blieben heuer viele Brutpaare kinderlos, nur Dorothea ist mit einem Gössel da, Jumper und Lupin mit ihren vier. Die Kleinen bleiben etwa ein Jahr, bis zur nächsten Brutzeit, mit den Elterntieren als Familie zusammen.

Die Gänse nähern sich nach und nach. „Komm, komm!", ruft Sepp immer wieder; das hat sich seit Konrad Lorenz' Zeiten so eingebürgert. Sepp hat Lorenz in Grünau noch kennengelernt, er arbeitet seit 1988 an unserer Forschungsstation. Mit Lorenz' Ankunft in Grünau wurde hier auch der Oberganslbach als eine Abzweigung des Flusses Alm künstlich angelegt und seitdem erfolgreich als Brutstelle der Gänse etabliert. Als Sepp nun beginnt, die kleinen Tröge aufzufüllen, sind die ersten Graugänse schon da und beginnen zu fressen. Die Gössel sind zuerst an der Reihe. Mit einer Art Fauchen halten die Eltern andere Gänse davon ab, ihren Nachwuchs beim Schnabulieren zu stören.

Während die rund 120 Tiere hier bei uns im Almtal schon allein aufgrund unseres Forschungsinteresses höchst erwünscht sind, ist das nicht überall so. In letzter Zeit kommt es immer wieder zu Interessenskonflikten etwa an Badestränden oder auf Golfplätzen. Wie sieht es denn aus mit dem Verhältnis zwischen Mensch und Graugans? Kann die Verhaltensbiologie vielleicht etwas dazu beitragen, die Probleme, die mancher mit der Gans hat, zu lösen?

In ganz Nordeuropa gibt es kleinere und größere Grauganspopulationen, die manchmal in die Tausende gehen; in der Regel zählen soziale Untergruppen 100 bis 150 Tiere. Als Zugvögel ziehen sie im Herbst für gewöhnlich in den Süden – nach Südeuropa oder Nordafrika. In den vergangenen Jahrzehnten beobachten wir aber immer häufiger, dass Graugänse sich gar nicht auf die Reise machen. Da unsere Gänse mit Graspellets versorgt werden und mehrere Gänsestämme hier an der Forschungsstelle von Hand aufgezogen wurden, sind sie in der Regel im Almtal sesshaft. Es gibt aber auch einige Beispiele von Ausreißern, darunter Ausreißergänse wie Johanna am Neusiedler See, die sich übrigens über die Animal-Tracker-App des deutschen Max-Planck-Instituts verfolgen lassen (siehe Kapitel 3 und 10). Im Allgemeinen gibt es in Europa jedoch einen wachsenden Trend, dass Graugänse das ganze Jahr über an einem Ort bleiben oder kürzere Strecken von Osten nach Westen statt von Norden nach Süden wandern. Aufgrund des Klimawandels sind die Winter milder, eine intensivere Landwirtschaft bietet dank Wintersaat auch Nahrung. Denn auch wenn uns das vielleicht eigenartig erscheint: Gänse sind Weidetiere. Und besonders interessiert am eiweißreichen Austrieb von Getreide. Das führt allerdings zu Unmut bei den Landwirtschaftstreibenden sowie zu mehr Nachwuchs im Sommer.

Während es Mitte des vergangenen Jahrhunderts europaweit nur mehr rund 20.000 Graugänse gab, bezeichnen deutsche Medien ihr Auftreten heute vielerorts als „Plage“. Mit ihren „Tretminen“ würden sie „ganze Ufergestade verschandeln“, wird in Bayern geklagt, wo Graugänse am Starnberger See oder auch am Tegernsee brüten. Man will sie „vergrämen“. Am Altmühlsee werden deshalb Gelege nun derart manipuliert, dass sich keine Gössel daraus entwickeln: Durch ein kleines Loch in der Schale werden die Eier bakteriell verunreinigt. Tierschutzrechtlich darf diese „Management-Maßnahme“ allerdings nur in der ersten Hälfte der Brutzeit eingesetzt werden.

Gänse finden frischgemähten Rasen nahe dem Wasser besonders attraktiv – und unterscheiden sich darin nicht von uns Menschen. Deshalb sind Badeplätze oder Golfplätze ein Anziehungspunkt für die Tiere. Jedes Jahr bekommen wir Anrufe von den örtlichen Schwimmvereinen in Ebensee am Traunsee oder vom Attersee. „Bitte kommt und holt eure Gänse ab, sie stören unsere Gäste“, heißt es dann. Denn: Sie fressen das schöne, dichte, kurze Gras und hinterlassen an zu vielen Stellen Kot. Also fahren wir die vierzig Minuten, versuchen, vor Ort die Tiere zu fangen, was nur selten gelingt. Häufiger fliegen sie weg. Sie wissen, glaube ich, was wir vorhaben. Nach dem „Einsatz“ fahren wir entweder mit einer missmutigen Gans zurück oder wir sehen sie gegen Abend zu Hause wieder.

Tja, wer hätte das gedacht: Der Gänsekot, der uns in der Forschung so viel Freude bereitet, ist an anderen Plätzen höchst unerwünscht. Die Tiere beanspruchen Raum in einer Sphäre, in der wir meinen, das vorrangige Nutzungsrecht zu haben.

Ein Ausweg aus diesem Mensch-Wildtier-Konflikt ist ein Konzept, das ich „time and space sharing" nenne, also – wie beim Car-Sharing – das Aufteilen der Nutzung von bestimmten Orten zu bestimmten Zeiten. Wäre das nicht ein sinnvoller Weg in die Zukunft?

Der Almsee ist wirklich spektakulär schön. Warum gibt es dann immer weniger Gänse an seinen Ufern? Leider, und sehr zum Bedauern vieler Menschen, ist es wahrscheinlich so, dass die Hunderttausenden Besucherinnen und Besucher, die jedes Jahr vorrangig per Auto anreisen, ein Sterberisiko oder zumindest einen Störfaktor für Wildtiere darstellen. 2023 haben wir aus diesem Grund ein neues Biodiversitätsprojekt gestartet, bei dem wir die Auswirkungen von Verkehrslärm auf Wildtiere messen und Drohnen mit Infrarotkameras einsetzen, um aktive Nester gefährdeter Vogelarten zu finden. Wir möchten damit in der Gemeinde und auch bei den Besucherinnen und Besuchern für mehr Verständnis plädieren und sie wissen lassen: „Hier ist ein aktives Nest, lasst uns dieses Gebiet für achtundzwanzig Tage meiden. Danach können wir Menschen diesen Bereich wieder nutzen." Damit würden wir dem Brutpaar seine Ruhe zugestehen. Die Ressourcen wären gerechter zwischen Mensch und Tier verteilt. In den Niederlanden werden etwa schon Windräder vorübergehend gestoppt oder zumindest verlangsamt, wenn ein großer Zugvogelzug über der Nordsee durchzieht – auch so ein Beispiel für eine faire Aufteilung der Nutzung dieser Landstriche und Ressourcen. Ich bin zuversichtlich, dass das auch in anderen Bereichen funktionieren kann. Und macht es nicht auch Freude, zu wissen, dass wir schon mit einem kleinen Entgegenkommen das Leben der Wildtiere lebenswerter machen können?

Oben: Ein Flussuferläufer am Kiesstrand vor der alten Konrad Lorenz Forschungsstelle am Auingerhof.

Unten: Die Eltern Besenstiel und Olga fliegen mit ihrem Nachwuchs Odessa vom Auingerhof in Richtung Cumberland Wildpark, wo die Familie den Tag verbringen wird.

3. Konrad Lorenz damals und heute: Die Gans als Modell

Im Almtal bin nicht nur ich selbst eine „Zug'raste", eine Zugereiste, sondern auch Konrad Lorenz und die Graugänse waren das. Im Jahr 1973 – das Jahr, in dem er auch den Nobelpreis bekommen sollte – emeritierte Lorenz von seiner Stellung als Direktor am Max-Planck-Institut für Verhaltensphysiologie im bayerischen Seewiesen. Seine Langzeitstudie an den Graugänsen wollte er aber fortsetzen. Und nahm deshalb eine Abordnung der Kolonie vor Ort nach Österreich mit, insgesamt knapp 150 Tiere. Nicht ohne Eingewöhnungsschwierigkeiten, wie er in seinem Graugans-Porträt „Hier bin ich – wo bist du?" schrieb:

> „Die Gänse brauchten einige Zeit, um sich an die härteren Gräser und Kräuter des Gebirgstales zu gewöhnen. (...) Von Seewiesen waren die Gänse stehende, offene Wasserflächen und übersichtliches, leicht welliges Hügelland gewohnt. Im Tal der Alm, eines reißenden Gebirgsflusses mit teilweise steilen steinigen Ufern, bereitete ihnen das Gehen zunächst Schwierigkeiten; viele Gänse hatten große Blasen an den Fußsohlen. Die starke Strömung des Flusses meisterten sie jedoch von Anfang an recht gut."

Schon in Seewiesen begann Lorenz mit der Handaufzucht der Gänse, weil die Tiere dann zahmer bleiben, sich leichter beobachten oder untersuchen lassen – für die geplante Langzeitstudie von großem Vorteil. Unter diesen handzahmen Gänsen befanden sich zwei, die später eines jener Paare wurden, die in der Fortpflanzung unter den erfolgreichsten waren: Sinda und Blasius, deren Beziehungsgeschichte Lorenz in „Hier bin ich – wo bist du?" sieben Seiten widmet. Er erzählt detailreich davon, dass Blasius erst mit

Sindas Schwester Jule verpaart war, wie Ganter Florian sich immer wieder für Sinda interessierte und „Ehestörungen" unternahm oder wie Sinda ihrerseits ohne ersichtlichen Grund einen alten ranghohen Ganter verprügelte. Zum Ausdruck kommen schon hier gesellschaftliche Graugansregeln, die wir später noch näher beleuchten werden: sowohl die enge Bindung zwischen den weiblichen Gänsen, zwischen Schwestern, Müttern und Töchtern, als auch die beinahe sprichwörtliche Monogamie der Graugänse, die nur ein Mythos ist.

Ob mit solch eingehenden Beschreibungen einzelner benannter Tiere, ob mit der Handaufzucht oder auch generell mit dem Einquartieren der Graugänse im Almtal – Lorenz macht uns damit auch etwas bewusst, was auf den ersten Blick nicht sichtbar ist: Forschen ist ein Gestaltungsprozess, ein Geschichtenerzählen. Welches Erkenntnisinteresse uns Wissenschaftler*innen antreibt, wie wir argumentieren, welches Experiment wir durchführen oder warum wir, wie Lorenz, die Tiere lieber möglichst in ihrem Lebensraum beobachten, was davon wir im Kolleg*innenkreis oder an die Öffentlichkeit kommunizieren – all das sagt auch etwas darüber aus, welche Geschichten wir erzählen (wollen).

Mein Kollege Josef „Sepp" Hemetsberger erlebte Konrad Lorenz, damals schon gebrechlich und mit schwerer Hörbeeinträchtigung, noch in Grünau mit. Er behielt ihn vor allem als einen lebendigen Geschichtenerzähler in Erinnerung. Auch der britische Schriftsteller Bruce Chatwin setzte sich in seinem berühmten Roman „Traumpfade" mit Lorenz auseinander: Als er ihn – bereits nach der Zuerkennung des Nobelpreises – für ein Interview traf, stellte Lorenz für Chatwin zwei in einer Auseinandersetzung befindliche Stichlinge – das sind kleine, territoriale Fische – derart authentisch dar, dass sie dem Briten „unvergesslich" blieben: „Während er die Geschichte erzählte, schlug Lorenz die Hände unter seinem Kinn zusammen und spreizte die Finger, um die Stacheln der Stichlinge anzudeuten. Er verfärbte sich rot an den

Kiemen. Er erblaßte. Er schwoll an und er schwoll ab, er machte einen Satz nach vorn und floh."

Neben den Aborigine-Ältesten in Australien sei Lorenz der einzige andere Mensch, den er je getroffen habe, der Geschichten aus der Welt der Tiere dermaßen überzeugend darstellen konnte, so Chatwin. Egal, ob der Verhaltensforscher von Fischen, Adlern, Schlangen oder Affen sprach – er schien sich in den lebendigen Körper und in den Geist des Tieres zu verwandeln.

Sepp lernte Lorenz im Sommer 1988 auf dem Auingerhof kennen. Es sollte Lorenz' letzter Sommer sein, er verstarb im Februar darauf. Lorenz verbrachte die Sommermonate in einem Zimmer im Erdgeschoss des Auingerhofs in sehr bescheidenen Verhältnissen. In dem Raum mit Laminatboden befanden sich bloß ein Bett, ein Schreibtisch aus Holz mit Sessel und eine Lampe. Aber Lorenz war nur einen Schritt aus der Tür von seinen geliebten Gänsen entfernt.

Lorenz' intensive Beschäftigung mit den Graugänsen und seine lebhaften Schilderungen der Tiere bauten in den vergangenen Jahrzehnten auf jeden Fall Barrieren ab, Barrieren, die zwischen den Menschen als Spezies und den anderen Tieren bis dahin praktisch unüberwindbar schienen. Wie ihm das gelang? Indem er den Graugänsen tatsächlich auf Augenhöhe begegnete und ihr Verhalten auch für die wissenschaftliche Untersuchung ernst nahm. Er tat das auf eine Art und Weise, die ich sonst nur bei Jane Goodall beobachtet habe – sie habe ich 1989 in Daressalam in Tansania kennengelernt, wenige Monate nach Lorenz' Tod. Obwohl sie sich nur wenige Male im Leben begegneten, schätzten Konrad und Jane einander sehr und trafen sich als Freunde, wenn sie sich persönlich sahen. Jane erzählte mir, sie habe Lorenz Anfang des Jahres noch besucht. Beim Abschied hatten sie beide geweint, weil ihnen klar gewesen war, dass es ihr letztes Zusammentreffen sein würde..

Im Laufe seines Lebens wurde Lorenz zum großen Wissenschaftskommunikator, „Er redete mit dem Vieh, den Vögeln und

Oben: Konrad Zacharias Lorenz auf der Holzbank vor der alten Konrad Lorenz Forschungsstelle am Auingerhof im Jahr 1985.

Unten: Josef Hemetsberger und Sonia Kleindorfer auf der Konrad-Lorenz-Bank vor dem Auingerhof, 2022.

Oben: Konrad Lorenz mit drei seiner Graugänse, undatiertes Foto.

Unten: Jane Goodall in Grünau mit dem Waldrapp Rubio. Als er 2008 auf ihrer Schulter landete, sagte Jane Goodall: „Ich habe mich in Rubio verliebt."

den Fischen" – so der treffende Titel eines seiner Bücher –, erreichte Menschen, die sich sonst nicht für die Forschung interessierten, er wurde zum Naturschutzidol – das sich in jüngeren Jahren für den Nationalsozialismus begeisterte. Was haben wir ihm in fachlicher Hinsicht zu verdanken, was an seinen Ansichten müssen wir kritisch betrachten? Was können wir heute noch von ihm über die Graugänse lernen, was über das Beobachten und Forschen insgesamt? Und was hält uns hier an der Konrad Lorenz Forschungsstelle immer noch neugierig?

Am elterlichen Anwesen im niederösterreichischen Altenberg hielt und beobachtete der junge Konrad Lorenz Dutzende Vögel und zahlreiche andere Tiere. Wie zugewandt und respektvoll er seine Tiere behandelte und mit ihnen lebte, ist am besten anhand seiner eigenen Schilderungen zu begreifen, etwa die des Beginns seiner Graugans-Handaufzucht 1935 – darunter seine berühmt gewordene Gans Martina:

> „Als das erste Gänsekind geschlüpft und trocken war, konnte ich der Versuchung nicht widerstehen, das reizende Wesen unter der Amme [einer Hausgans, Anm.] hervorzuholen und näher zu betrachten. Währenddessen schaute es mich an und stieß nach einiger Zeit das laute einsilbige ‚Pfeifen des Verlassenseins' aus. (...) Daher antwortete ich mit einigen beruhigenden Tönen. Daraufhin wandte sich das Gänschen mir ganz zu, streckte den Hals vor und sagte ein mehrsilbiges ‚Wiwiwiwi'. (...) Schließlich hatte ich genug vom Baby-sitting, steckte das Gänschen zurück unter den Flügel der brütenden Hausgans und wollte weggehen. Ich hätte es besser wissen müssen."

Wir wissen mittlerweile, dass sich Gänse nach dem Schlüpfen dem ersten Objekt anschließen, das sie wahrnehmen – nicht umsonst wurde Lorenz auch als „Gänsevater" berühmt, dem seine Gans

Martina auf Schritt und Tritt folgte. Die „charakteristische Unwiderruflichkeit des Prägungsvorganges bei Gänsen“ sei ihm damals allerdings noch nicht bewusst gewesen, schreibt er. Er erzählte in frühen Filmen oder späteren Publikationen viele solcher sehr lebendiger und konvergenter Geschichten – und damit meine ich authentische Erzählungen tatsächlicher Begebenheiten, keine erfundenen –, die sich auch zu einer großen Erzählung verdichten lassen – einer, die sehr auf die Gans eingeht, ihr aber gleichzeitig auch einen sehr engen Kontakt mit uns Menschen abverlangt.

Dieser Kontakt wurde schon von Lorenz aktiv hergestellt – und wir machen das in Grünau bis heute. Zum Beispiel über das Einführen und Aufrechterhalten von „Traditionen“. Für die Graugänse im Almtal sind das etwa die immer wieder stattfindende Handaufzucht oder die täglichen Fütterungen an der Forschungsstation. Dabei werden auch „Anwesenheitslisten“ geführt: So erhalten wir laufend Daten über den Zustand unserer Schar und lernen außerdem, die Tiere voneinander zu unterscheiden. Andere Traditionen – etwa das regelmäßige Übernachten am Almsee – haben sich die Gänse selbst an- bzw. manchmal auch wieder abgewöhnt.

Ein „weiblicher“ Blick auf die Welt

Ich habe da eine Gemeinsamkeit mit Konrad Lorenz: Auch ich bin getrieben davon, Geschichten zu erzählen – Geschichten, die die Schönheit und Faszination der Natur jenen vermitteln, die sie nicht so wie ich an vielen Orten der Welt wahrgenommen haben. Aufgewachsen bin ich allerdings in einer Großstadt in den USA. Meine Schule, ein Betonklotz, stand im Armenviertel von Westphiladelphia. Ich war ein sehr ruhiges Kind, das nicht viel sprach, aber viel beobachtete und Geschichten aufschrieb. Offenbar lag mir dieser Zugang über die Sprache, mit neun oder zehn Jahren schrieb ich meine ersten „Bücher“ – kurze, ausgedachte Erzählungen über die Entstehung des Menschen, über die Rolle von Kultur, Feuer und Sprache, gespeist aus allem, was ich darüber in der Schule gehört oder anderswo gelesen hatte.

Außerdem hatte mein Onkel eine kleine Farm in Penn State, und wir verbrachten die meisten Familienferien dort. Er beschäftigte sich mit Schmiedekunst und Philosophie, und diese lebhaften Zeiten hatten sicherlich einen großen Einfluss auf mein Leben. Solcherart inspiriert, griff ich in meinen Geschichten Naturthemen auf. Mit einer dieser ersten Erzählungen gewann ich sogar einen Schreibwettbewerb: Darin feierten Fische eine Unterwasser-Teeparty.

Ich bin mir auch zunehmend der Wichtigkeit bewusst, die Geschichten sowohl für unsere Wahrnehmung der Welt als auch für die Vermittlung unserer Forschung spielen. Etwa dann, wenn ich, wie besonders häufig, von Besucherinnen und Besuchern unserer Forschungsstelle gefragt werde: Was können wir heute nach Lorenz’ jahrzehntelanger Tätigkeit überhaupt noch Neues über die Graugänse herausfinden? Das ist eine gute Frage. Sie bringt mich immer wieder aufs Neue zum Nachdenken darüber, was wissenschaftliches Arbeiten für mich eigentlich bedeutet.

Im Zentrum der wissenschaftlichen Auseinandersetzung steht für mich immer die Frage, die unsere Forschung anstößt – jene Frage, die wir stellen, nachdem wir eine Reihe von Beobachtungen gemacht oder verschiedene Gedanken miteinander verknüpft haben. Stellen Sie sich vor, was passiert, wenn sich nun – wie circa ab der Mitte des vergangenen Jahrhunderts passiert – plötzlich vermehrt Frauen als Wissenschaftlerinnen und damit auch als Beobachterinnen und Fragenstellerinnen über die Welt einbringen? Ich bin eine dieser Frauen. Und ab den 1980er-Jahren begann ich tatsächlich, andere Verhaltensweisen wahrzunehmen und andere Fragen zu stellen als meine (männlichen) Kollegen zuvor.

Bei meiner ersten Feldforschung in Tansania zum Beispiel bestand meine Aufgabe darin, mehr darüber herausfinden, wie Pavianweibchen ihr „learning to mother" betreiben, wie sie also lernen, sich mütterlich zu verhalten. Die Annahme dabei war schon vorab: Alle weiblichen Tiere einer Gruppe seien höchst interessiert daran, für Pavianjunge zu sorgen. Ich konnte mir diese Prämisse nur damit erklären, dass sie auf der (mindestens) Jahrzehnte alten klischeebehafteten Annahme beruhen musste, wonach menschliche Frauen als extrem motiviert gesehen werden (mehr als Männer), kooperatives Verhalten zum Wohle der Familien zu zeigen.

Zu diesem Zeitpunkt hatte ich schon viel Zeit mit der betreffenden Paviangruppe verbracht und erkannte jedes Gruppenmitglied am Schwanz oder Ohr. Ich wusste genau, wer wer ist. Doch dann sah ich – mit dem neuen Forschungsauftrag in der Tasche – nur wenig Fürsorge bei manchen Weibchen. Stattdessen beobachtete ich erfahrene Weibchen dabei, wie sie die Kleinen anderer Gruppenmitglieder misshandelten. Sie zogen die Jungtiere hinter sich her, die kleinen Köpfe schlugen dabei immer wieder am Boden auf. Das, was ich da mitbekam, war kein „learning to mother" – that is abuse. Es hat mich acht Jahre gekostet, diese Forschungsarbeit zu publizieren, denn: Weibchen sollten nicht so sein! Da muss es einen Fehler in den Daten geben, sagte man mir immer wieder. Dieses Bild einer Mutter wollte keiner sehen. Die Daten belegten jedoch eindeutig, dass diese Verhaltensweisen existierten.

Die Paradigmen der jeweiligen Zeit, die Umstände unserer Lebenslagen lenken auch unseren Blick als Forschende. In Kenntnis des menschengemachten Klimawandels stellen wir andere Fragen als zu Konrad Lorenz' Zeiten. Als forschende Frauen stellen wir andere Fragen als alle Männer in den Jahrzehnten davor. In meiner Studienzeit hieß es, dass weibliche Singvögel nicht singen bzw. dass ihr Gesang keine Rolle spielt. Mittlerweile wissen wir jedoch: 71 Prozent der Weibchen singen komplexe Lieder, und diese Lieder werden zum Beispiel sehr wohl auch zur Verteidigung von Territorien eingesetzt.

Ideale Bilder im Kopf und wie sie manchmal brechen

„Eine Kurzfassung seines Lebens", und damit sind wir wieder zurück bei Konrad Lorenz, „gleicht einer Spielfilmproduktion Marke Hollywood", schrieben seine Biografen Klaus Taschwer und Benedikt Föger 2003. „Der Held verbringt eine paradiesische Kindheit in einem zauberschlossartigen Gebäude, umgeben von Luxus und vor allem: jeder Menge von Tieren. (...) Er wird zum jungen Dr. Doolittle, der mit den Tieren spricht, aber stets von Geldsorgen geplagt ist. Dann folgen die dunklen Jahre: Als schwärmerischer Opportunist fällt er auf die Nazis herein." Das trifft es aus meiner Sicht ganz gut. Aber es lässt die wichtige Beziehung zwischen Lorenz und seinem Vater aus, von der wir später noch erfahren werden.

Lorenz berichtete in Briefen 1938 begeistert vom „Anschluss" Österreichs an Hitler-Deutschland, trat kurz darauf der NSDAP bei – und profitierte fortan auch vom NS-Netzwerk. Nach jahrelangen erfolglosen Versuchen, Finanzierungen für seine Studien aufzutreiben oder eine Professorenstelle für „Tierpsychologie" im deutschsprachigen Raum zu bekommen, wird Lorenz schließlich 1940 an die Universität Königsberg gerufen. Auch ideologisch passt er den Nationalsozialisten ins Bild: In einem seiner am weitesten verbreiteten Texte dieser Zeit „Durch Domestikation verursachte Störungen arteigenen Verhaltens" argumentiert er, der „überzivilisierte Großstadtmensch" gefährde sich selbst durch eine „Verhaustierung", die – ähnlich wie vom Wolf zum Schoßhund oder vom Wild- zum Hausschwein – zu „Mopskopf" oder „Hängebauch" führe.

Einige von Lorenz' Wortmeldungen von damals, darunter auch eindeutig antisemitische, sind absolut inakzeptabel. Es ist sehr aufwühlend, über diese Zeit nachzudenken, eine tragische Periode der Geschichte. Und ich möchte Lorenz' Verhalten in dieser Hinsicht keineswegs rechtfertigen.

Schwierig finde ich jedoch, aus heutiger Sicht, mit unserer heutigen „Ethikbrille" auf Lorenz' Verhalten von damals als einzelnen Fall zurückzublicken. Natürlich kann und muss man das machen, um zu versuchen, zu verstehen, was geschehen ist. Aber Lorenz als ein Beispiel unter Tausenden herauszupicken und ihm – wie die Universität Salzburg es 2015 tat – die Ehrendoktorwürde abzuerkennen, finde ich unangemessen. Dieser Schritt bleibt mir und übrigens auch seinem ihm ebenfalls durchaus kritisch gegenüberstehenden Biografen Klaus Taschwer, wie dieser mir mitteilte, unverständlich.

Auf unser Fach der Vergleichenden Verhaltensforschung hatte Lorenz einen transformativen Einfluss, der noch heute nachwirkt. Das hatte unter anderem mit seiner halbzahmen Dohle Tschock zu tun: Als Jungtier nahm er sie aus einer Tierhandlung zu sich und zog wenig später vierzehn weitere der Rabenvögel am Dachboden seines Elternhauses auf. Das war der Beginn seiner Tierhaltung für wissenschaftliche Zwecke. Mit seiner Beobachtung und Protokollierung des Verhaltens von Tieren – oder auch: mit seinem Sammeln „wissenschaftlicher" Geschichten – in einer möglichst natürlichen Umgebung betrat er damals Neuland.

Als „Ethologe" ging er einer Idee Charles Darwins nach: dass nämlich Verhaltensweisen ähnlich anatomischen Merkmalen zwischen verschiedenen Tierarten *vergleichbar* seien; deshalb heißt das von ihm mitbegründete Fach auch „Vergleichende Verhaltensforschung". Verhalten könne – gemeinsam mit der Fähigkeit zu lernen – als vererbbares Merkmal studiert werden. Damit stand Lorenz Anfang des 20. Jahrhunderts den sogenannten „Behavioristen" gegenüber, die sich auf den russischen Arzt Iwan Pawlow und seine Theorie zur Konditionierung beriefen. Ihnen zufolge sei alles Verhalten gelernt; angeborene Instinkte oder subjektive Erfahrungen, wie Lorenz sie den Tieren zusprach, galten ihnen nichts. Die Versuchstiere der Behavioristen wurden im Labor unter streng kontrollierten Bedingungen zu Experimenten angeleitet, ja, dressiert.

Lorenz hingegen verfolgte eine ganz andere Richtung. Er beobachtete, wie junge Dohlen im Nest ihren Rachen weit aufsperrten, und schloss daraus, dass dieser die Vogeleltern zum Füttern anregte. Er beobachtete das, was er „Prägung“ nannte, und schloss daraus, dass eben geschlüpfte Jungvögel diejenigen Lebewesen als Eltern erkennen, die sie als Erstes zu Gesicht bekommen. Vor diesem Hintergrund veröffentlichte er 1935 eine seiner wichtigsten Arbeiten: „Der Kumpan in der Umwelt des Vogels: Der Artgenosse als auslösendes Moment sozialer Verhaltensweisen“. Es gebe pro Art angeborene Verhaltensweisen, die naturwissenschaftlich erforscht werden und in Verhaltenskatalogen festgehalten werden könnten, schrieb Lorenz damals wegweisend.

Mit solchen Katalogen, die das ganze Verhaltensrepertoire einer Art umfassen, arbeiten wir heute noch, jetzt nennen wir sie „Ethogramm“, und es gibt solche Ethogramme artspezifischer Verhaltensweisen für Graugänse genauso wie für Hausschweine oder Elefanten.

Kinder als Verhaltensforscher*innen

Im Sommer 1909 war Lorenz sechs Jahre alt, seine spätere Frau Margarete neun. Die beiden Kinder, die sich damals schon kannten und gemeinsame Interessen hatten, erhielten jeweils ein Entenküken und waren ihnen Ziehmutter bzw. -vater. Diese kleinen Entchen prägten Lorenz ebenso sehr auf Anatiden, also Entenartige, wie er die Tiere als Handaufzieher auf sich prägte:

> „Wir wateten an flachen Ufern passender Altwässer der Donau entlang, bevorzugten Teiche, die reich an Insektenleben waren, und sahen mit Genuss zu, wie unsere Enten dieses natürliche Futter verschlangen. (...) Bald kannten wir den ‚Gut-Schmeck-Laut', den die Entchen dann hören ließen, wenn sie Zuckmückenlarven im Schlamm gefunden hatten, selbst wenn diese Futtertiere für uns unsichtbar blieben. Wenn wir das ‚Trillern' hörten, das junge Entenvögel äußern, wenn sie gewärmt werden und schlafengehen wollen, machten wir sofort warme Falten und Taschen in unsere Kleider und wärmten die Küken an unseren Körpern."

Kinder sind hervorragende Beobachter. Und das Beobachten von Tieren ist bis heute zentral an der Konrad Lorenz Forschungsstelle. Allerdings versuchen wir mittlerweile, die Verhaltensbeobachtungen unter möglichst natürlichen Bedingungen mit experimentellen Manipulationen wie dem Vorführen einer Fuchsattrappe und dem Messen von physiologischen Parametern zu kombinieren. Dafür haben wir unerwartet verlässliche Helfer gefunden: die Volksschulkinder im Almtal.

Meine Kollegin Didone Frigerio, genannt Dido, selbst Verhaltensphysiologin, die über die Graugänse promovierte, ist an der Forschungsstelle unsere Spezialistin für Social Outreach und Wissenschaftskommunikation – und setzt ihr Wissen auch bei der Arbeit mit den Jüngsten ein. Im Jahr 2010 startete sie im Rahmen des Bürgerwissenschaftsprogramms „Sparkling Science" eine Kooperation. Sie besucht dafür regelmäßig die Volksschulen von Grünau und Mühldorf, einem Nachbarort Grünaus, und hat dabei immer Gurnemanz mit dabei: Er ist ein Ganter aus Lorenz' Seewiesener Grauganskolonie – heute allerdings nicht mehr schnatternd und lebendig, sondern präpariert auf einem Brett befestigt.

Oben: Kinder als Bürgerwissenschaftler*innen.

Unten: Die Forscherinnen Didone Frigerio und Petra Sumasgutner versehen das Graugans-Männchen Allegra mit einem GPS-Sender.

Mit seiner Hilfe lernen die Kinder zuerst einmal im Klassenzimmer: Wie groß ist eine Graugans? Wie sehen die farbigen Ringe an ihren Füßen aus, anhand derer sich jedes Tier in Grünau eindeutig identifizieren lässt? Und: Was fressen Graugänse eigentlich? Wenn dann jemand aus der Klasse „Brot" antwortet, fragt Dido zurück: „Tatsächlich? Habt ihr etwa schon einmal eine Graugans vor der Bäckerei gesehen?" Auf diese Weise lernen die Kinder spielerisch, dass die Gänse von sich aus kein Gebäck fressen oder wie sie die Fußringe richtig lesen. Dafür hat Dido ein eigenes Spiel mit verschiedenen Farbringkombinationen entworfen. Oder sie erfahren eben auch, welche Verhaltensweisen im Ethogramm der Graugänse festgehalten sind.

Bei ihren Besuchen an der Forschungsstelle gehen die Schüler-Forscher*innen dann daran, dieses Verhalten der Gänse zu protokollieren. Das ist gar nicht so trivial, denn das zugeteilte Tier darf dabei nicht aus den Augen gelassen werden. „Ich nenne es: die Gans als Fernseher", sagt Dido. Die Schülerinnen und Schüler arbeiten dazu in Dreierteams zusammen und zeichnen rund zehn Minuten lang das Gänseverhalten auf: Ein Kind beobachtet das Tier, eines stoppt die Zeit und das dritte führt Protokoll. Auch jene, die sonst als „Problemkinder" auffallen, arbeiten dabei fleißig mit. Im Jahr 2012 erhoben wir, ob die Aufzeichnungen der Volksschüler*innen auch verlässlich waren – und siehe da: Das waren sie! Die Protokolle der Kinder stimmten durchschnittlich zu über 85 Prozent mit denen der Biolog*innen überein.

Tatsächlich lassen sich – jedenfalls Didos Erfahrung nach – Kinder viel leichter darauf ein, eine Gans möglichst unvoreingenommen zu beobachten: (Fachfremde) Erwachsene wollen oft gleich Anerkennung von der wissenschaftlichen Aufsichtsperson; Kinder schauen sich einfach an: Was macht die Gans? „Bei solchen Verhaltensbeobachtungen geht es dann auch darum, darüber nachzudenken, dass und wie wir als Beobachter die Wissenschaft beeinflussen", sagt Dido. „Die Gans macht in den Augen von fünf verschiedenen Beobachtern ganz unterschiedliche Dinge. Aber: Wissenschaft ist keine Religion. Wissenschaft umfasst auch die Fähigkeit, Fragen zu stellen, neugierig zu bleiben." Und: möglichst authentische – soll heißen: nach bestem Wissen und Gewissen aufgezeichnete – Geschichten zu erzählen.

Prägende Einflüsse, wichtige Fragen und der Aha-Effekt

Vor der Gemeinschaftsküche unserer Forschungsstelle hängen an unserem Schwarzen Brett drei Zettel. Auf ihnen stehen drei Fragen, adressiert an unsere Studierenden: Wie bist Du zu dem geworden, die oder der Du heute bist? Welche Aha-Momente haben Dich geprägt? Und: Was ist Deine professionelle Vision für die Zukunft? Ich glaube, dass es ungemein wichtig ist, solche richtungsgebenden Narrative gegenüber sich selbst und im Gespräch mit anderen zu formulieren und wieder und wieder neu zu überdenken.

Lorenz etwa wurde sehr wahrscheinlich von einer Aussage seines Vaters beeinflusst. Adolf Lorenz, ein orthopädischer Chirurg, der jedes Jahr ein paar Monate in New York ordinierte und übrigens selbst für den Nobelpreis gehandelt wurde, zeugte den zweiten Sohn Konrad nämlich im bereits fortgeschrittenen Alter – und war besorgt um die Risiken, die dadurch womöglich entstanden. Er erklärte aber, er hätte den Säugling dem Tod überlassen (Wortlaut Adolf Lorenz: „Kein Brutofen, keine sonstigen, außerordentlichen Maßregeln!"), wenn dieser schwach oder „untauglich" gewesen wäre – und ließ das auch seinen Sohn Konrad später wissen. Der wiederum verband sich mit dem Gänsenachwuchs, machte sich Gedanken über die Bedeutung von „minderwertigen" Partnern, Sorgen über die Domestizierung von Gänsen und versuchte, so meine Vermutung, seinen handaufgezogenen Gänsen ein guter Vater zu sein.

Ich plädiere dafür, dass es nützlich ist, die prägenden Einflüsse in unseren jeweiligen Leben zu identifizieren und verstehen zu lernen. Solche Einsichten helfen uns, uns selbst besser kennenzulernen: unsere Denkmuster, unsere Vorurteile und unsere Grundeinstellungen bzw. Prädispositionen.

Ich bin auch ein großer Fan des Aha-Moments: Jenes Augenblicks, in denen etwas, das Sie sehen oder auf eine andere Art wahrnehmen, eine gedankliche Verbindung, die Sie plötzlich herstellen, Sie zum Staunen bringt. Ich frage mich, ob diese Aha-Momente eine einzigartige Eigenschaft der Menschen sind. Im Alltag bewirken sie bei uns oft einen Motivationsschub, der uns ein Problem in ganz neuem Licht erscheinen lassen oder uns eine neue Perspektive zeigen kann.

In der Wissenschaft lassen sich auf Basis solcher Aha-Momente neue Fragen und in weiterer Folge Hypothesen und Experimente entwickeln. Fragen sind dabei ungemein nützlich. Sie gestalten unsere Visionen, die uns in die gewünschte Richtung bringen. Weil wir eine soziale Spezies sind, werden wir auch schnell merken, ob diese Visionen in einer Gruppe Übereinstimmung finden oder nicht. Und was sie an Ressourcen kosten.

Deshalb halte ich meine Studierenden dazu an, sich zu überlegen: Wo kommen sie her, wo gehen sie hin? Die Wissenschaft ist nicht objektiv. Aber wir bemühen uns darum, sie so objektiv wie möglich zu betreiben: In den Naturwissenschaften bestimmt etwa die wissenschaftliche Methode, wie wir vorgehen, um eine Forschungsfrage zu beantworten. Aus einem Experiment ziehen wir Schlussfolgerungen. Diese Schlussfolgerungen sind nur dann wertvoll, wenn sie wiederholbar und in verschiedenen Systemen vorhersagbar sind. Auf diese Weise kommen wir zwar nicht zu objektiven, aber immerhin zu objektivierbaren Ergebnissen, die möglichst frei von persönlichen Färbungen durch einzelne Wissenschaftler*innen sind.

Dennoch: Die Ausgangsfragen, die wir stellen, sind normativ, sie geben eine Richtung vor, sie legen die Latte auf eine gewisse Höhe. Aus diesem Grund müssen wir uns gut überlegen, welche Fragen wir stellen, und reflektieren, warum wir diese Fragen in uns tragen, woher sie kommen.

Welche physiologischen Mechanismen oder ontogenetischen Erfahrungen die Gänse zu den Individuen machen, die sie sind – diese Frage ist für uns Forschende nach wie vor spannend und noch nicht abschließend geklärt. Das veranschaulicht der Lebensweg von Sinda und Blasius, den beiden eingangs erwähnten Gänsen, deren Geschichte Lorenz so bewegte. Die beiden überlebten ihren symbolischen Ziehvater übrigens; eigentlich hatte sie die Biologin Sybille Kalas-Schäfer handaufgezogen. Das Paar trennte sich Anfang der 1990er-Jahre und Sinda nahm sich einen jüngeren Ganter. Sie brütete in der Folge mehrfach am Südufer des Almsees, bis sie dort der Fuchs erwischte. Dennoch brüteten auch ihre Töchter, Simone und Sarah, an derselben Stelle. Auch sie sind dort vom Fuchs gefressen worden.

Im Nationalpark Neusiedler See wird von einer Graugans namens Johanna berichtet, die – mit einem GPS-Tracker ausgestattet – jedes Jahr im Herbst Richtung Norden aufbricht, an einem See nahe Berlin überwintert, um im Frühjahr zum Brüten wieder an den Neusiedler See zurückzukehren. Sie kommt jedes Mal sehr nahe an den gleichen Neststandort. Ist dies ein Beispiel für die Prägung auf einen Neststandort? Oder handelt es sich hierbei eher um eine „Tradition“?

Von den Graugänsen können wir lernen, wie frühe Lebenserfahrungen die Gewohnheiten sowohl im Kleinen als auch im Großen entscheidend beeinflussen können. Auf diese und andere Fragen suchen wir weiter nach Antworten, in der Hoffnung, solche Einflüsse auch in unserem Leben ein wenig besser zu verstehen.

4. Ich hör dich! Wie Gänse in Kontakt bleiben

An einem kalten Morgen im April 2019 fuhren mein Kollege Josef „Sepp“ Hemetsberger, den Sie bereits kennengelernt haben, und ich nach ObergansIbach. Die Gänse lieben diesen Ort wegen seiner abgelegenen Teiche, die von Bächen und Wald umgeben sind, ganz besonders. Die wenigen Gänse, die in der Gegend waren, kannten uns und schauten nur kurz auf, als wir uns näherten. Sepp watete durch das graugrüne Wasser und lugte, noch aus einiger Entfernung, vorsichtig in eine der Bruthütten: Dorothea, die ihr Nest darin hatte, hatte es kurz verlassen, um vermutlich auf Nahrungssuche zu gehen.

Sepps grüne Wathose, die an den Füßen nahtlos in Gummistiefel überging, saugte sich gelegentlich am Schlammboden des Teiches fest, während er sich näherte. Ein mühsames Vorwärtskommen. Er hielt das Mikrofon und die Aufnahmegeräte hoch über dem Kopf, um dem Equipment jeglichen Kontakt mit dem Wasser zu ersparen. Ich war am Ufer geblieben. Mit dem Fernglas in der Hand und ein bisschen aufgeregt hielt ich Ausschau nach Babaco, dem Partner von Dorothea. Sepp war mittlerweile an der Bruthütte angelangt, in der sich fünf Eier befanden. Aus unseren Berechnungen wussten wir, dass die Küken kurz davor waren zu schlüpfen. Mein Herz schlug schnell. Dies war meine Chance, die Rufe des Geleges zu hören, falls wir sie erfassen konnten. Sepp versteckte die Ausrüstung in der Bruthütte unter einigen Zweigen und trockenem Heu, das die Gänse zuvor zusammengetragen hatten – diese lose Materialsammlung stellt oft das „Nest“ dar –, und wir brachen wieder auf. Die Abhörwanze war installiert.

Am nächsten Tag, es war ein eisiger Morgen, schlichen wir zurück, um die Geräte wieder zu holen. Wir wussten, dass Dorothea in der Zwischenzeit wieder gebrütet und hoffentlich auch mit ihrem

Gelege kommuniziert haben musste. Sepp watete also wieder zur Bruthütte, entfernte das Mikrofon unter dem Gänsenest und ich hielt wie am Tag zuvor vom Ufer aus Ausschau nach den Eltern. Wir blieben unentdeckt, oder besser gesagt: Wir erzeugten zum Glück keine Aufregung. Zurück im Labor hörten wir uns die Aufnahmen an. Ich war so glücklich, als ich meine allerersten „Vivi"-Rufe hörte. Zuerst rief ein Embryo, dann der nächste, bis schließlich mehrere auf einmal riefen. Sanfte kleine „Vivi"-Rufe aus den großen weißen Gänseeiern, wie ein Rauschen, das an einem vorbeizieht.

Sie schlüpften alle am nächsten Tag und liefen ihren Eltern zur Konrad Lorenz Forschungsstelle hinterher. Fünf goldene Flauschbälle mit etwas dunkleren, bräunlichen Federn entlang des Rückens, damit sie von Fressfeinden aus der Luft nicht entdeckt werden. Das Jahr verging, die Überschwänglichkeit des Frühlings wich dem dunklen Grün des Sommers und der Farbenpracht des Herbstes. Mit den ersten Schneeflocken traf es mich buchstäblich: Das „Vivi" der Gänsejungen war verschwunden und jetzt gab es nur noch „Gang-gang".

Im Winter bilden die Gänse einen großen Schwarm und die einzelnen Paare sind nicht mehr so leicht zu erkennen, obwohl die Familienuntergruppen bestehen bleiben. In so einer Situation ist die Stimme ein extrem wichtiges Erkennungsmerkmal: Gänse produzieren zwischen Familienmitgliedern und Partnern ständig sogenannte „Kontaktrufe", wenn die andere Gans nur wenige Meter entfernt ist. Es ist ein andauerndes „Hier bin ich, wo bist du?" – darauf nimmt auch der Titel der Graugans-Anthologie von Konrad Lorenz Bezug. Diese Kontaktrufe scheinen für die Gänse eindeutig unterscheidbar zu sein. Aber wir hatten dazu noch keine Messungen durchgeführt, der wissenschaftliche Beleg stand aus. Was wir hatten, waren Messungen von „Vivi"-Rufen von einzelnen Gänseküken während ihres ersten Jahres und dann „Gang-gang"-Rufe als Einjährige. Es schien, dass sich der „Vivi"-Ruf in den „Gang-gang"-Ruf verwandelt hatte, allerdings mit einem Twist.

Die „Vivi"-Rufe aller Gänseküken klangen gleich, aber der Kontaktruf war bei jedem Erwachsenen anders. Könnte es sein, dass sich ein Ruftyp, das „Vivi" der Gössel, im Laufe der Entwicklung in einen anderen Ruftyp, den „Gang-gang"-Kontaktruf, verwandelt? Und warum sind die Rufe der Jungtiere so ähnlich, aber die Rufe der Erwachsenen so unterschiedlich?

Wenn ich einen Aha-Moment in meiner Tätigkeit als Forscherin habe, kommen mir ein paar Bilder in den Sinn. Zum Beispiel der Witz: „Woran erkennt man einen Pionier?" Antwort: „Es ist die Person mit den Pfeilen im Rücken." Ein zweites, angenehmeres Bild ist das von Horton, dem Elefanten, einem großen Helden angesichts von Widrigkeiten und Unglauben, den der US-amerikanische Kinderbuchautor Dr. Seuss erschaffen hat.

Horton jedenfalls hört auf einem Staubkorn die Whos, die Bewohner von Whoville, aber niemand im Dschungel glaubt ihm – und das trotz der Tatsache, dass Horton sehr große Ohren hat! Horton steckt das Staubkorn auf ein Kleeblatt und trägt es herum, in der Hoffnung, dass noch jemand die Stimmen von Whoville hört. Kanga, das Känguru, droht, Horton und die Whos zu kochen, als schließlich die Stimmen der vereinten Bewohner von Whoville doch noch die Schallmauer durchbrechen und damit auch die Ohren der anderen Tiere erreichen. Horton, mein Held, hat das nur von ihm Gehörte verteidigt und die Whos in Whoville gerettet.

So ähnlich ist es manchmal auch in der Wissenschaft, wenn Sie eine neue Entdeckung machen. Es sieht dann nämlich nicht so aus, dass Ihre Kollegenschaft Ihnen wohlwollend applaudiert. Viel eher wird das, was Sie beschreiben, zuerst einmal als ‚sehr unwahrscheinlich' eingestuft. Im Allgemeinen stößt man auf extreme Skepsis und harsche Kritik, vor allem, wenn eine Idee neu ist. Ich habe diese Erfahrung mit meiner Forschungsarbeit über die mütterlichen Fähigkeiten von Pavianen gemacht.

Grundsätzlich ist das gut so: Wissenschaftler*innen geht es mit ihrer Kritik in erster Linie darum, die Überprüfbarkeit und Wiederholbarkeit der neu vorgebrachten Forschungsergebnisse zu fördern. Das macht unsere Arbeit als Forschende recht anspruchsvoll. Es verlangt uns ab, Beweise für die unerhörten Behauptungen, die wir aufstellen, zu finden. Je abenteuerlicher die Behauptung ist, desto solider müssen die Beweise sein.

In diesem Fall mussten die Beweise sehr solide sein, denn die Behauptung lautete nicht nur: Das Ei spricht! Diese Tatsache war bereits vor unserer Untersuchung bekannt. Die nun aufgestellte Vermutung ging darüber hinaus: Die Art und Weise, wie ein Embryo spricht, und was er lernt, prägen seinen akustischen Werdegang, seine soziale Integration und vielleicht auch seine Überlebenschancen.

Von der Vielfalt des „Gänsehupens“

Als ich nach Australien zog, war da diese unerledigte Sache mit den Eiern aus dem Neusiedler See – Sie erinnern sich? Ich wollte weiter messen, wie Eltern mit ihrem Nachwuchs kommunizieren. Wie bereits erwähnt, verkabelten wir die Nester von Prachtstaffelschwanz-Paaren und entdeckten, dass die Weibchen im Nest mit den Eiern einen bestimmten Ruf von sich geben. Was ich Ihnen noch nicht erzählt habe, ist, dass dieser mütterliche Ruf aus A- und B-Elementen bestand und weiters, dass die Küken nach dem Schlüpfen ein B-Element als Bettelruf für Futter produzieren. Damals war noch nichts klar. Warum sollte ein Weibchen in Gegenwart seiner Eier einen so auffälligen Ruf abgeben? Wir lauschten und beobachteten weiter und sahen uns die Rufe in einem Spektrogramm an. Da traf es mich, wieder so ein Aha-Moment: Der Bettelruf mit dem B-Element war für jedes Nest einzigartig und stimmte mit dem B-Element des Rufs der Mutter nach ihren Eiern überein. In einem Nest ertönte der Bettelruf „Bu Bu Bu“, in einem anderen Nest „Ba Ba Ba“ und in

Ein weiblicher Prachtstaffelschwanz beim Brüten. Während das Weibchen die Eier mit Wärme versorgt, ruft es ihnen zu. Jedes Weibchen hat einen einzigartigen Ruf, den es seinen Embryos als „Familienpasswort" beibringt. Die Embryos müssen diesen erlernen, um ihn nach dem Schlüpfen als Bettelruf von sich geben zu können, um von der Mutter Futter zu erhalten. Wir wissen, dass der Ruf erlernt (nicht vererbt) wurde, denn nachdem wir die Gelege zwischen den Nestern ausgetauscht haben, produzierten die geschlüpften Küken den Ruf, der ihnen von ihrer Pflegemutter beigebracht wurde. Ihr Familienruf bleibt ihnen ein Leben lang.

einem dritten Nest riefen die Küken „Bi Bi Bi". Am erstaunlichsten war, dass die drei Mütter in diesen Nestern Rufe mit den Elementen „Bu", „Ba" oder „Bi" hatten. Warum sollte der Bettelruf der gleichen Spezies in jedem Nest anders sein? Das ergab keinen Sinn.

Es brauchte jahrelange Forschung, das herauszufinden, aber um es kurz zu machen: Jede Prachtstaffelschwanz-Mutter hat ein charakteristisches B-Element, das für jedes Weibchen einzigartig ist. Außerdem produzierten die Nachkommen stets *jenes* B-Element, das ihnen ihre Mutter beibrachte. Wir tauschten die Gelege zwischen den Weibchen aus und prüften die Annahme mittels eines Experiments. Und siehe da: Die Nachkommen gaben das B-Element ihrer Ziehmutter wieder! Das „Problem" an dieser Studie ist, dass entsprechend der gängigen Lehrmeinung Embryonen bei

Nesthockern, zu denen Prachtstaffelschwanz-Küken im Gegensatz zu Gänsen zählen, eigentlich keine gut entwickelten Ohren haben sollten. Und doch lernen sie Geräusche und erstellen eine Gedächtnisvorlage, mit der sie diese Geräusche nach dem Schlüpfen imitieren! Dieses Ergebnis war schockierend und ich kann Ihnen versichern, dass es nicht mit Applaus begrüßt wurde. Dennoch: Solche kontroversiellen Erkenntnisse, die eine stabile empirische Grundlage haben, eichten mich als Wissenschaftlerin.

Es war mittlerweile zehn Jahre her, dass die letzte Handaufzucht an der Konrad Lorenz Forschungsstelle durchgeführt worden war, 2022 sollte sich das wieder ändern. Wir hatten vierzehn Graugänseeier im Inkubator und ich stand mit meinem Mikrofon bereit. Ich und ein Team von Bioakustiker*innen. Wir nahmen alle „Vivi"-Rufe auf, vor dem Schlüpfen, und dann am ersten Tag, am zweiten und an jedem weiteren Tag, bis die Gössel neunzig Tage alt waren. Dann hatten sie eine Zeit lang Ruhe von uns, aber als sie ein Jahr alt waren, nahmen wir ihre Rufe wieder auf. Die Ergebnisse deuteten darauf hin, dass die „Vivi"-Rufe bei den Gösseln nicht individuell ausgeprägt sein dürften. Jedenfalls ändert sich ihre Tonstruktur mit der Zeit und sie werden zu den definitiv individuell unterschiedlichen Kontaktrufen der erwachsenen Gänse. Wir prüfen diese Vermutung gerade anhand einer mehrjährigen Studie, für die wir im nächsten Schlupfjahr wieder Daten sammeln. In diesem Zusammenhang interessiert uns darüber hinaus die Frage: Können auch die Gänse selbst diese Rufe voneinander unterscheiden?

Gössel haben drei Rufarten, wenn sie schlüpfen: den „Vivi"-Ruf, einen Notruf und einen Trillerruf. Der „Vivi"-Ruf scheint ein Kontaktruf zu sein. Der Notruf wird ausgestoßen, wenn sie von ihren Eltern getrennt sind. Und ein Trillerruf signalisiert, dass sie entspannt und glücklich sind. Der Trillerruf erinnert an das Schnurren einer Katze. Ein häufiges Szenario ist etwa Folgendes: Die Familie ist auf Nahrungssuche, die Gössel achten nicht mehr so sehr auf die Eltern, sondern folgen eher den schmackhaftesten

Halmen. Da erschrickt ein Junges und stößt einen „Vivi"-Ruf aus. Wenn Mutter oder Vater nicht sogleich mit einem Kontaktruf antworten, steigert sich der „Vivi"-Ruf zu einem Notruf. Wird der „Vivi"-Ruf dann mit einem Kontaktruf beantwortet, rufen die Gössel und die Eltern weiter und rücken wieder näher zusammen. Tauschen die Mutter und das Gössel während der Ruhezeit „Vivi"-Rufe aus, ist ein zufriedener Trillerruf oft das Letzte, was vom Gössel zu hören ist, bevor es einschläft.

Und so wie sich ihr „Vivi"-Ruf in den Kontaktruf wandelt, fiel mir auf, dass sich der Notruf der Gössel in den Distanzruf der Erwachsenen verwandelt. Wir sind gerade dabei, das zu untersuchen. Die Masterstudentin Marie Guggenberger hat etwa eine fabelhafte Studie über die individuelle Aussagekraft des Distanzrufes durchgeführt. Gemeinsam mit Nico Adreani, einem Postdoc, haben wir die Distanzrufe der Gänse in der Schar aufgezeichnet. Bei dem Distanzruf handelt es sich um eine Lautäußerung, die bei größeren Entfernungen Auskunft über den Standort des rufenden Tieres gibt. Er ist individuell unterscheidbar und im Vergleich zum Kontaktruf lauter, sodass er auch auf viel größere Entfernungen eingesetzt werden kann, beispielsweise wenn eine Gans sich im Landeanflug nähert und ihrem Partner mit dieser Art Ruf ihre Ankunft mitteilt. Genauso wie der Kontaktruf handelt es sich auch beim Distanzruf um eine Lautäußerung im Rahmen von positiven sozialen Kontakten – nur eben in unterschiedlicher Entfernung. Der Distanzruf wird auch als klassisches „Gänsehupen" (*goose honk*) bezeichnet, aber das wird der enormen Vielfalt der produzierten Rufe in keiner Weise gerecht. Manche klingen wie quietschende Laute aus einem Jagdhorn, andere wie ein überraschter Bariton, wieder andere wie das Ausstoßen eines Luftstroms aus einem Ballon. Erstaunlicherweise gibt es bei diesen Klängen eine individuelle Wiederholbarkeit. Das Quietschhorn klingt immer wie ein Quietschhorn und der Überraschungsbariton wie ein Überraschungsbariton, egal zu welcher Tageszeit.

Oben: Gössel bei einer Diskussion.

Mitte: Nachdem Idgie von anderswo eingeflogen ist und mitten in der Schar steht, erzeugt er einen Distanzruf, um seinem Partner Triton mitzuteilen, wo er ist. Triton antwortet ebenfalls mit einem Distanzruf (nicht abgebildet).

Unten: Einige Mitglieder der Schar sind unterwegs und fressen. Lindy Hop erzeugt einen Distanzruf, wahrscheinlich für seine Partnerin Romy. Aber Romy antwortet nicht.

Responsive Wesen oder: Bist du noch da?

An einem Herbsttag machte Marie ihre erste Versuchsreihe zur Individualität der Gänsestimmen. Auch Konrad Lorenz waren vermutlich die Distanzrufe der Gänse im Anflug – wohl auch jene von Sinda und Blasius – bereits bekannt, er hatte sie aber nie wissenschaftlich untersucht. Dennoch steckt bereits auch diese Erkenntnis gewissermaßen in seinem Buchtitel „Hier bin ich – wo bist du?". Schließlich ist mit dem „du" ja ein bestimmtes Gegenüber gemeint und nicht etwa irgendeine Gans.

Der Nebel bedeckte das Tal und die Sicht war eingeschränkt. Etwa zwanzig Gänse ruhten vor dem Auingerhof, ihre orange- und rosafarbenen Schnäbel unter die grauen Flügel geklemmt. Marie spielte in ihrer Hörweite den Distanzruf von Julian ab, einem Einzelgänger und daher ohne Partner. Zwei Minuten lang sendete sie ihn alle zehn Sekunden. Keines der Tiere reagierte darauf. Keines blickte auch nur auf. Alle ließen ihre Schnäbel schön in die Flügel gesteckt, während sie rasteten. Dann spielte Marie den Distanzruf von Edes ab, der so wie Julian gerade abwesend war. Zu meiner großen Überraschung war Bon Jovi die einzige Gans, die sofort aufblickte und einen Distanzruf von sich gab – ihren Distanzruf! Bon Jovi wurde wieder still, nur um zehn Sekunden später erneut zu rufen, jedes Mal, wenn sie Edes' Ruf hörte. Wir hatten somit in einer ersten Studie experimentell gezeigt, dass die erwachsenen Gänse nicht nur individuell unterschiedliche Rufe haben, sondern auch, dass die anderen Gänse sie an ihrem Ruf erkennen können. Denn Edes und Bon Jovi waren ein Paar.

Wie es zu diesen individuellen Gänse-Sounds kommt? Nun, gewissermaßen produzieren Gänse ihre Laute wie ein Dudelsack: Sie pressen die Luft aus dem Körper und im Laufe der Zeit lernen sie, wie sie ihre Stimme mit dem Schnabel modulieren können. Auch ihre Körpermasse und ihre Haltung beeinflussen den Laut, etwa ob sie ihren Hals beim Vokalisieren strecken oder nicht. Bei unserer Studie vor dem Auingerhof waren indes nicht alle Partner gleichermaßen aufmerksam. Zwar reagierten die verpartnerten Gänse im Durchschnitt und statistisch gesehen auf die Rufe ihrer Partner, aber es gab eine große Varianz: Einige Gänse wandten sich äußerst aufmerksam den Rufen ihres Partners zu, während andere deutlich weniger Interesse zeigten und nur schwach darauf reagierten. Das brachte mich dazu, über die Qualität der Partnerschaften nachzudenken. Was macht einen guten Partner aus? Frühere Arbeiten hatten bereits gezeigt, dass einige Partner in Bezug auf Testosteron und Herzfrequenz physiologisch synchron sind (mehr dazu später). Fürs Erste hatten wir nun entdeckt, dass Gänse fast ausschließlich auf den Distanzruf ihrer Partner reagieren, andere Distanzrufe hingegen ignorieren.

Das Schöne an einem Distanzruf ist auch: Er ist nicht agonistisch, sondern affiliativ – diesen Begriff haben wir bereits bei bestimmten Verhaltensweisen kennengelernt, die eingesetzt werden, um positive soziale Beziehungen herzustellen. Diese affiliativen Laute sind in der Verhaltensbiologie allerdings nicht besonders gut untersucht. Bei den Alarmrufen kennen wir jene der Makaken, die mit ihnen sogar spezifizieren, um welchen Angreifer es sich handelt, ob Schlange, Greifvogel oder sonst eine Gefahr droht. Auch jener Vogelgesang, der dazu dient, Territorien voneinander abzugrenzen, ist gut untersucht. Affiliative Rufe hingegen, Kontaktrufe oder Rufe zur Paarstärkung wurden bisher eher vernachlässigt.

Dabei erhöht diese Art der Kommunikation eindeutig die Überlebenschancen der in Gruppen lebenden Tiere und ihrer Nachkommen und bietet somit einen Vorteil im Rahmen der natürlichen und sexuellen Selektion. Wir haben etwa schon beobachtet, dass vor allem jene Ganter, die eine gute Kommunikationskultur haben, auch wachsame Männchen während der Brut sind.

Gänsen ist diese Responsivität, das ständige Fragen und Antworten, der stetige Check, ob der andere (noch) da ist, und die Versicherung, dass man sich selbst auch in Rufweite befindet, unglaublich wichtig. Sie lassen sich nicht gern streicheln, liegen nicht – wie viele Säugetiere – gern im Körperkontakt mit Artgenossen, außer beim Hudern der Gössel, auch das Gefieder putzen sie sich lieber selbst. Aber sie halten eben akustisch Kontakt. Denn: Auch wenn es den Körperkontakt nicht braucht, wäre das Schrecklichste für eine Gans wie etwa auch für Paviane: allein zu sein!

Welche dramatischen Auswirkungen das Fehlen dieses Antwortverhaltens hat, zeigte sich in einem Experiment in den 1980er-Jahren. Damals lebte Lorenz noch und zwei Gänsemütter zogen die vorläufig letzten Gänseküken von Hand auf. Es wurde beschlossen, abzutesten, welche Rolle die „stimmliche Bindung" der Gössel an ihre Mutter für ihre Entwicklung spielt. Als also das erste Ziehgössel seine „Vivi"-Rufe ausstieß, wurde die menschliche Ziehmutter damit beauftragt, nicht darauf zu reagieren. Die „Vivi"-Rufe eskalierten schnell zu Notrufen, die ebenfalls nicht beantwortet werden durften. Innerhalb von zwei Wochen war das Gössel in der Familie mit der nicht reagierenden Mutter psychisch so gestört, dass es nie ein normales Verhalten entwickelte. Es wurde neurotisch und desorientiert, irrte umher und wurde bei seinem ersten Flug von einem Adler ergriffen.

Die Responsivität ist lebenswichtig: Wenn die Gössel aufwachsen, gibt es viel zu lernen, etwa welche Pflanzen auf einer Wiese genießbar sind und welche nicht. Bemerkt die Mutter, dass ein Gössel an einer ungünstigen Stelle frisst, wird sie an eine andere Stelle gehen und das Gössel mittels Kontaktruf zu sich holen. Die Gössel lernen so, dort zu fressen, wo die Mutter ist. Wenn hingegen das Gössel ruft und die Mutter nicht antwortet, bekommt das Gössel Stress und versucht mit Nachdruck, die Aufmerksamkeit seiner Mutter zu erhalten. Dabei wird es die Flügel wahrscheinlich ausgestreckt und den Kopf hoch aufgereckt halten. Stress bei den Gösseln ist also die Konsequenz von schlechter Kommunikation. So ergibt sich in jeder Familie ein Kommunikationsrepertoire, das erlernt wird. Diese innerfamiliäre Kommunikation, zwischen den Eltern und zwischen Eltern und Nachwuchs, scheint sehr wichtig für die Entwicklung der Individuen zu sein. Wir stehen noch am Anfang ihrer Erforschung.

Von „Vivi" zu „Gang-gang" – auch bei den Raben?

Das Almtal beherbergt eine Population von Hunderten von Kolkraben (*Corvus corax*), und Kolkraben sind Aasfresser. Sie töten nicht selber, sondern ernähren sich von frisch verendeten Tieren, einschließlich junger Gänse, die zum Beispiel durch Parasitenbefall gestorben sind. Thomas Bugnyar hat diese Raben in den letzten dreißig Jahren genau studiert. Er ist eine weltweite Autorität auf dem Gebiet der kognitiven Biologie und des Verhaltens von Raben. Ich lernte Thomas 1993 kennen, als wir beide an der Universität Wien studierten. Da ich sechs Jahre älter bin als er, habe ich sogar einen praktischen Kurs unterrichtet, den er besuchte. Thomas ist Vizedirektor der Konrad Lorenz Forschungsstelle und als ich 2018 dazukam, waren wir uns schnell einig, dass wir einen kompatiblen Forschungsansatz haben und unsere Daten vergleichbar sein sollten.

Thomas hat das Herz eines Raben, oder zumindest glaube ich das gerne. Er spricht mit ihnen und versteht sie wie niemand, den ich kenne. Als ich in den ersten Jahren nach meiner Ankunft in Grünau mit Thomas im Cumberland-Wildpark unterwegs war, der an die Forschungsstelle angrenzt, riefen die Raben häufig zur Begrüßung. Und Thomas schaute gelegentlich auf und sprach denjenigen an, der auf uns herabschaute.

Da ich mich insbesondere für die Kommunikation zwischen Eltern und Nachkommen interessiere, taten Thomas und ich uns zusammen, um die Ontogenese, also die Entwicklungsgeschichte, von Futterrufen bei Raben zu untersuchen. Raben geben als

Kolkraben haben charakteristische Futterrufe, die „Ha“-Rufe, mit denen sie ihren Artgenossen anzeigen, dass eine Nahrungsquelle gefunden wurde. Hier im Cumberland Wildpark ist besonders das Wildschweingehege beliebt, das Treffpunkt von ca. 100 Kolkraben und der Studierenden ist, die die Verhaltensweisen der Raben dokumentieren.

Futterruf nämlich sogenannte „Haa“-Rufe von sich, wenn sie an einer Nahrungsquelle ankommen, etwa an einem Kadaver. In einer früheren Studie hatte Thomas bereits gezeigt, dass diese „Haa“-Rufe – genau wie die Distanzrufe der Graugänse – individuell verschieden sind. Der „Haa“-Ruf scheint die Funktion zu haben, andere Raben zu der neuen Nahrungsquelle zu rufen. Die Frage, die wir uns stellten, war, ob sich die Bettelrufe der Rabenküken in die „Haa“-Rufe der Erwachsenen verwandeln und ob auch sie individuell verschieden sind.

Raben lernen und produzieren pro Individuum circa zwanzig verschiedene Lautäußerungen und als Population hundert oder mehr Lautäußerungen. Sie lernen beim Aufwachsen, die Geräusche um sie herum zu imitieren, und üben bestimmte Lautausdrücke, um ihre Artgenossen zu beeindrucken. Bei Rabenküken, die in der Nähe eines Elektrozauns aufwuchsen, wurde beobachtet, dass sie das Surren dieses Zauns nachahmen. Ein Rabe, der neben einem

Tennisplatz aufgewachsen ist, ist etwa gut darin, das Geräusch eines auf dem Platz aufschlagenden Tennisballs, „palump-palump", zu erzeugen. Die Raben verbringen Stunden und Wochen, um die Imitation zu perfektionieren. Erst wenn sie das Geräusch entsprechend ihrer Gedächtnisvorlage richtig herausbringen, geben sie es an die anderen Mitglieder ihres Trupps weiter – und machen damit großen Eindruck.

Hier zeigt sich ein grundsätzlicher Unterschied zwischen Gänsen und Raben: Bei den Gänsen kennen wir nur zehn verschiedene Lautäußerungstypen, die die jeweilige erwachsene Gans aber stets mit ihrem ganz individuellen stimmlichen Charakter färbt. Das bedeutet, Gänse lernen im Laufe ihres Lebens, mit jedem Gruppenmitglied eine bestimmte Stimme zu assoziieren: Gans A hört sich wie ein Quietschhorn an, Gans B wie ein Überraschungsbariton usw. Bei den Raben hingegen kennen wir eine sehr große Anzahl an verschiedensten Lautäußerungen – vom Tennisball-Plopp bis zur Imitation einer menschlichen Stimme –, die aber nicht unbedingt individuell unterschiedlich oder an der Stimme des jeweiligen Raben zu erkennen sind.

Meine Masterstudentin Anna Fabbri, ausgestattet mit Thomas' voller Unterstützung, stellte sich der Aufgabe, das Rätsel um die Entwicklung der räbischen Bettelrufe zu lösen. Anhand stundenlanger Video- und Audioaufnahmen von Rabenvögeln in allen Lebensstadien, von Küken über Jungtiere bis hin zu den frei fliegenden erwachsenen Raben in freier Wildbahn, und den anschließenden akustischen Analysen fand Anna heraus, dass ihre Bettelrufe nicht individuell verschieden sind. Sie werden jedoch nach dem Flüggewerden individuell ausgeprägt, wenn die Raben nicht mehr von ihren Eltern gefüttert werden. Dieses Muster erinnerte mich stark an den Übergang von den „Vivi-" zu den „Ganggang"-Kontaktrufen der Gänse.

Warum aber verändern sich die Bettelrufe der Raben und die Kontaktrufe der Gänse im Laufe der Entwicklung zu

Individualitätssignalen bei den Erwachsenen und nicht schon früher? Junge Raben konkurrieren noch relativ lange um die Nahrungsbeschaffung durch ihre Eltern, während Gänse nach dem Schlüpfen beim Fressen schon völlig unabhängig sind. Ich vermute für die Raben, dass sie ihre Identität „maskieren“: Denn von den Rabenmännchen wissen wir, dass sie voreingenommen sind und bevorzugt das größte Küken füttern. Der Begriff „Rabeneltern“ hat in diesem Sinne wohl etwas Wahres! Bei Gänsen müssen die jungen Gössel hingegen von Anfang an mithalten und sich aus Schwierigkeiten heraushalten. Daher sind die Gänseküken bereits im Alter von zehn Tagen in der Lage, anderen Gänsen mit dem Blick zu folgen. Die Evolution begünstigt eben immer genau die Fähigkeiten, die man zum Überleben braucht.

Erinnern Sie sich an die Notrufe der jungen Graugänse, wenn sie in Schwierigkeiten geraten? Diese sind – wie die Bettelrufe der Raben – nicht individuell verschieden! Alina Loth und Georgie Szipl entdeckten dies, indem sie eine Reihe von Experimenten durchführten. Zunächst nahmen sie die Notrufe verschiedener Gössel in der Schar auf und spielten dann die Notrufe in Anwesenheit verschiedener erwachsener Gänse ab. Manchmal richteten sie die Rufe an Elterngänse, ein anderes Mal an alleinstehende Gänse. Die Ergebnisse: Die Elterngänse reagierten auf jede beliebige Wiedergabe eines Notrufs. Da der Notruf vom eigenen Nachwuchs stammen könnte, ergibt es durchaus Sinn, dass die Evolution einen intransparenten Ruf bevorzugt, der die Identität des Nachwuchses nicht preisgibt.

Innerhalb einer sozialen Art erfordert jeder Notruf den Schutz und die Fürsorge eines erwachsenen Elternteils. Eine solche Strategie ist sicherlich im Interesse des Gössels, ähnlich wie ein verdeckter Bettelruf im Interesse eines Rabenkükens zu sein scheint. Stellen Sie sich vor, Sie wären eine erwachsene Gans oder ein erwachsener Rabe: Die Komplexität Ihres sozialen Lebens würde stimmliche Hinweise erfordern (und entsprechend evolutionär begünstigen!), die sicherstellen, dass die anderen Mitglieder Ihrer

Baycox hat ein wachsames Auge auf seine Stiefkinder, fünf Gänseküken der Gruppe B, die Barbara Steininger im Jahr 2022 von Hand aufgezogen hat. Da diese Gössel „nur" eine menschliche Mutter hatten, entschied Gänserich Baycox, dass ein männlicher Betreuer gebraucht wird. Er nahm seine selbst auferlegten Pflichten sehr ernst: Jeden Morgen wartete er darauf, dass Barbara mit den Gösseln aus der Hütte kam, wo er den ganzen Tag lang half, sie zu bewachen, bis sie im Alter von drei Monaten fliegen konnten.

Gruppe wissen, wer was und wann tut. Sowohl bei den Gänsen als auch bei den Raben herrscht eine extreme soziale Wachsamkeit, wobei die Individualität vor allem bei den Erwachsenen zum Tragen kommt.

Wir haben im Cumberland-Wildpark ein in Europa einzigartiges Wolf-Bären-Gehege, in dem wir deren gemeinsames

Verhalten – wie es bis vor wenigen Jahrhunderten auch in Europa vorkam – im Zusammenspiel mit den aasfressenden Raben beobachten können. Die Raben sind für die Fleischbeschaffung auf die größeren Beutegreifer angewiesen, die ein Beutetier aufbrechen, denn trotz ihrer Größe sind Kolkraben nicht imstande, mit ihrem Schnabel beispielsweise die Bauchdecke eines Rehes zu durchbrechen. Sie fressen also bei Wolf und Bär mit. Dabei kommt es an der Futterquelle immer wieder auch zu – für die Raben tödlich ausgehenden – Konflikten.

Gänse sind hingegen Pflanzenfresser. Man könnte deshalb geneigt sein, sich vorzustellen, dass ein Pflanzenfresser ein friedfertigeres Geschöpf ist als ein fleischfressender Wolf oder ein Aasfresser-Rabe. Ich kann Ihnen versichern: Dies ist nicht der Fall. Das Temperament der Gänse schlägt schnell und heftig um. Brutale Flügelschläge, Angriffe auf die Halsschlagader, zischende Verfolgungsjagden mit ausgestrecktem Hals und auch länger andauernde Auseinandersetzungen, bei denen die Gänse mit ihren ganzen Körpern aufeinander losgehen, treten auf, sobald einer oder eine es wagt, aus der Reihe zu tanzen. Interessanterweise scheinen Gänse im Vergleich mit Beutegreifern wie Wölfen oder mit den aasfressenden Raben ähnlich und doch anders zu agieren: Es ist für sie ein Zahlenspiel, das sich aus ihrem sozialen Status und der Qualität ihrer Paarbeziehung ergibt. Wenn sie in diesem Moment genügend soziale Verbündete in Reichweite haben, hat die aktive Gans gute Chancen, an die gewünschte Ressource zu gelangen. Prioritärer Zugang im Stil eines Vereinsmitglieds.

Für in Gruppen lebende Tiere ist es wichtig, in ihre sozialen Verbündeten und die Unterstützung ihrer Familie zu investieren (mehr dazu in Kapitel 8). Und Gänse können das außergewöhnlich gut.

5. Was für ein Gesicht! Gesichtserkennung dank Künstlicher Intelligenz

Mein Kollege Sepp steht vor dem Auingerhof und raucht eine Zigarette. Er hat heute seine Kamera mitgebracht und war den ganzen Morgen damit beschäftigt, Fotos zu machen. Von möglichst vielen Gänsen erst die linke Seite ihres Gesichts, dann die rechte. „Gar nicht so einfach", sagt er jetzt: „Sie bewegen sich mehr, als man glaubt." Sepp ist kein Mann vieler Worte und auch keiner, der die positiven Dinge übertreibt. „Und wie viele hast du dann erwischt?", frage ich ihn. Seinem Gesichtsausdruck nach zu urteilen vielleicht drei oder vier. „Achtzig", sagt Sepp. Wenn es um seine Gänse geht, ist er immer voll dabei.

Dunja und Dagobert, Ernst und Erdbeer, Olga und Ottmar und viele mehr wurden fotografiert. Zu den Ältesten gehören Joshua und Julian, zwei Brüder, die 2003 geschlüpft sind. Sie sehen sich sehr ähnlich. Sowohl Joshua als auch Julian sind derzeit unverpaart und ihre Gesichter wirken ein wenig schlaff, die Haut scheint ein wenig zu hängen. Es ist, als würde man ihnen ihr Alter ansehen. Kann ein Gänsegesicht altern? Das sollten wir in Zukunft vielleicht untersuchen.

Graugänse haben einen ausgezeichneten Sehsinn. Sie können, wie bereits erwähnt, einen hoch oben am Himmel kreisenden Steinadler von einem Seeadler unterscheiden, der sich im Tal nur selten blicken lässt. Wenn sie das tun, zeigen sie ein auf den ersten Blick eigenartiges Verhalten: Sie legen den Kopf schief, um mit nur einem Auge auf den Himmel zu spähen. Da sich ihre Augen an den Seiten des Kopfes befinden, haben Wasservögel einen Panoramablick, der es ihnen ermöglicht, fast alles um sie herum auf einmal wahrzunehmen. Um nach oben zu schauen, müssen sie allerdings eben den Kopf zur Seite legen.

Das ist übrigens eine der erstaunlichsten Erkenntnisse über das Sehvermögen der Gänse: Sie können das, was sich direkt vor ihnen befindet – etwa die Spitze ihres Schnabels –, genauso sehen wie etwas, das sich weit in der Ferne bewegt oder tut! Diese Pflanzenfresser behalten ihre Umgebung im Auge und sind gleichzeitig in der Lage, visuell zu erfassen, welches Hälmchen sie in dem Moment anknabbern.

Entsprechend ihren Bedürfnissen ist auch ihr Farbsehen ausgeprägt: Enten und Gänse können ein viel breiteres Farbspektrum wahrnehmen als Menschen. Dank ihrer Netzhaut sehen sie vier Primärfarben anstelle der drei, die das menschliche Auge erkennt, und sie haben Sehzellen, die darauf spezialisiert sind, ultraviolette Strahlung zu sehen. Sie nehmen Rot, Gelb, Blau und Grün viel intensiver wahr als wir. Die differenzierte Sicht aufs Grüne hilft ihnen wahrscheinlich dabei, die zartesten Gräser, Unkräuter und Triebe zu erkennen, um sie anknabbern zu können.

Wir wissen also, dass unsere Graugänse sehr gut sehen können, um etwa Beutegreifer und gutes Futter auszumachen. Aber welche Rolle spielt ihr Sehsinn im täglichen Zusammenleben?

Wenn man Gänsepaare und -familien länger dabei beobachtet, wie sie herumspazieren und ihren Gänsegeschäften nachgehen, kann man nicht anders, als von ihrer Individualität, die sich in ihrem Verhalten äußert, beeindruckt zu sein. Einige sind mutig, andere sind schüchtern. Ausschließlich am Charakter erkennen lassen sie sich jedoch nicht.

Es ist auch nicht möglich, eine Gans anhand ihrer Größe oder Gefiederzeichnung zu identifizieren. Es lässt sich nicht einmal eine männliche von einer weiblichen Gans zuverlässig, etwa anhand ihrer Größe, unterscheiden. Manche Männchen sind sehr klein, so wie Pascal, andere ziemlich groß und imposant. Das gilt genauso für die Weibchen. Am ehesten zielführend wäre es, das Geschlecht einer Gans aufgrund ihrer Rolle während der Brutzeit einzugrenzen. Die Weibchen bebrüten die Eier und wärmen (hudern) die Jungen; die Männchen sind eher wachsam, wenn die Familie unterwegs ist. In einigen Familien können aber auch die Weibchen recht aggressiv sein und sich auf vorbeigehende Gänse stürzen. In anderen Familien sind wiederum die Männchen dafür bekannt, die Jungen zu hudern, wie es zum Beispiel D'Artagnan vor vielen Jahren tat. Sie sehen also – es gibt eine große Variabilität an Gänsekörpern und -verhaltensweisen.

Was im Leben einer Gans hingegen sehr individuell ist, aber doch konstant bleibt, ist ihr Gesicht. Eine Gans hat von ihrem ersten Lebensjahr bis zum Tod dasselbe Gesicht. Und auch wenn es für Außenstehende nicht so wirken mag: Diese Gesichter sind unverwechselbar, wenn man nur ein paar von ihnen anschaut. Nehmen wir zum Beispiel das Paar Dorothea und Babaco, geschlüpft im Jahr 2015: Dorothea hat weiße Federn über ihrem orangefarbenen Schnabel und Babaco hat einen einzelnen Fleck mit weißen Federn über seinem Oberschnabel – beide Tiere sind damit eindeutig identifizierbar. Allerdings muss ich gestehen, dass auch ich schnell überfordert bin, wenn ich mir zu viele Gänsegesichter ganz im Detail ansehe.

Personen mit einem an vielen, vielen Gänsebegegnungen geschulten Auge hingegen gelingt die Unterscheidung. Die langjährige Gänseforscherin Brigitte Weiß kann zwar auch nicht so ganz erklären, wie genau es dazu kommt, aber sie versichert mir, dass auch ich diese Fähigkeit entwickeln könne. Brigitte erkennt jede Gans auf einen Blick, nachdem sie zwanzig Jahre damit verbracht hat, die Tiere zu beobachten. Mir war es mit den Pavianen in Tansania ja auch schon einmal so ähnlich ergangen. Für jemanden, der in der Tierbeobachtung unerfahren ist, bietet sich folgender Vergleich an: Stellen Sie sich einen Bahnsteig voller Menschen vor. Sie halten Ausschau nach Ihrer Mutter. Wenn der Zug schließlich einfährt und Ihre Mutter aussteigt, wissen Sie nicht nur, dass *sie* es ist, sondern auch, in welcher Stimmung sie gerade ist.

Julian, der im Jahr 2003 geschlüpft ist, sieht seinem Bruder Joshua sehr ähnlich.

Ballantine, der Partner von Leia, hat viele weiße Federn rund um den Schnabel und auch unterhalb.

Timber, die Partnerin von Murphy, hat lediglich einen Fleck weißer Federn an der Schnabeloberseite und ansonsten glatte, graue Federn um den Schnabel herum.

Auch Babaco, der Partner von Dorothea, hat viele weiße Federn um den Schnabel herum, aber keine unterhalb des Schnabels.

Ich freue mich auf den Tag, an dem ich die Grünauer Gänse einmal so gut erkennen werde wie Familienmitglieder. Für den Moment muss ich mich immer noch auf jedes Gesicht konzentrieren, als ob ich ein Gemälde studieren würde. Wenn ich sie nur schneller lernen könnte!

Mit einem Gesicht lässt sich's schlecht betrügen

Zum Glück haben wir uns in dieser Hinsicht nun Hilfe organisiert – Hilfe von der Künstlichen Intelligenz (KI): Wir haben ein Softwareprogramm entwickelt, um die Gänse zu identifizieren.

Weil die Gänse mit ihren Fußringen individuell gekennzeichnet sind und ihre Lebensgeschichte vom Ei bis zu ihrem letzten Atemzug bekannt ist, hatten wir dank Sepp und der Mithilfe vieler freiwilliger Studierender keine Schwierigkeiten, eine Datenbank mit Fotos von ihnen anzulegen. Mit inzwischen Tausenden von Aufnahmen – darunter mehrere verschiedene Schnappschüsse ein- und derselben Gans bei unterschiedlichen Lichtverhältnissen, an verschiedenen Orten und über mehrere Jahre hinweg – können wir die Zuverlässigkeit des Programms testen. Im Jahr 2023 haben wir unsere neue Datenbank, die seit 2019 sukzessive aufgebaut wurde, auf die Probe gestellt. Wir haben zum Beispiel ein willkürliches Bild von Julian hochgeladen, und das Programm hat den Ganter identifiziert. Das klappte auch für fast alle anderen fotografierten Gänse, mit einer Genauigkeit von 97 Prozent über die vier Jahre hinweg. Das bedeutet auch: Jedes Gänsegesicht unterschied sich in ausreichendem Ausmaß von allen anderen Gänsegesichtern, um von dem Programm erkannt zu werden.

Ich kann Ihnen also mit Gewissheit sagen – es wurde schließlich von Konrad Lorenz, Brigitte Weiss *und* der KI bestätigt –, dass jedes Gänsegesicht individuell ist. Welchen evolutionären Nutzen mag diese Individualität haben? Hat der Wiedererkennungswert eine biologische Bedeutung?

Man kann sich vorstellen, dass es bei allen Parametern der Morphologie, also: des Aussehens eines Lebewesens, leichte Abweichungen gibt. Wir wissen auch, dass ein Computerprogramm diese Unterschiede, etwa die Größe des kleinen Fingers, zuverlässig erkennen kann. Wir Menschen können das auch, brauchen dafür aber viel mehr Zeit, um uns in die individuellen Nuancen „einzusehen", sie uns genau einzuprägen, siehe Brigitte Weiß, Konrad Lorenz oder mich. Aber achten auch *die Gänse* auf die Gesichter ihrer Artgenossen? Schließlich leben Graugänse in diesen komplexen sozialen Gruppen, in denen es Scheidungen, Tod, Verrat, soziale Trios, Trennungen und Allianzen gibt. Erkennen sich die Gänse gegenseitig am Gesicht? Erkennen sie vielleicht sogar ihr eigenes Gesicht?

Ich habe viel über Gesichter nachgedacht. Wir Menschen verändern unsere Gesichter häufig, sowohl aus persönlichen Gründen als auch zur Inszenierung. Im Theater und in der Oper sind Kostüm und Masken wichtige Bestandteile der Aufführung. Sie ermöglichen es uns, in verschiedene Rollen zu schlüpfen. Mit Make-up können wir uns in völlig andere Charaktere verwandeln. Im Englischen ist dieses Wort übrigens ein Synonym für den menschlichen Kreativitätssinn. Mit der Alltagsschminke bleiben unsere Gesichter zwar eindeutig erkennbar – aber doch können wir mit Make-up experimentieren, unser Aussehen nach unseren Wünschen verändern.

Gänse hingegen haben kein Make-up zur Verfügung. Sich als jemand anderes zu präsentieren, funktioniert bei ihnen nicht. Bei Lautimitationen klappt das noch eher, wenn etwa territoriale Singvögel das Lied ihres Nachbarn nachahmen. Insofern haben Gesichter einen wichtigen evolutionsbiologischen Aspekt: Alles, was wir damit anstellen, lässt sich nachverfolgen. Gesichter machen uns verantwortlich. In einer Gemeinschaft wird das, was man getan hat, erinnert – und potenziell folgen daraus Konsequenzen für den*die Einzelne*n. Um dazu gesellschaftlich imstande zu sein, müssen die betreffenden Tiere jedenfalls langlebig sein, ein ausreichendes Erinnerungsvermögen haben und zur individuellen Erkennung fähig sein. Graugänse haben diesbezüglich die besten Voraussetzungen, denn sie verfügen über ein ausgezeichnetes Gedächtnis. Wenn Sie einmal einen Futternapf an einem neuen Ort platzieren, etwa um eine Ecke, wird die Gans diesen neuen, versteckten Futterplatz über viele Monate hinweg aufsuchen und inspizieren – selbst wenn dort nie wieder ein Futternapf auftaucht. Leistet eine andere Gans während eines Konflikts soziale Unterstützung, ist es wahrscheinlich, dass dieser Gefallen erwidert wird und ein früherer Rivale zu einer geduldeten Gans in der Nähe einer Futterquelle werden kann.

Quid pro quo! Aber wer hat mir den Gefallen getan?

Es mag überraschend für Sie sein, dass die Idee der Kooperation in den 1960er-Jahren ein großes Dilemma für die Verhaltensforschung war. Seltsam, denn was soll falsch daran sein, sich kooperativ zu verhalten? Nach Entdeckung und Publikation der DNA-Struktur im Jahr 1953 sahen wir zum ersten Mal, wie DNA – der Stoff, aus dem unsere Erbinformation besteht – aussieht. Es handelt sich dabei um Nukleinsäure, sie ist keine lebendige Substanz. Und doch kodiert sie für alles Lebendige. Diese Erkenntnis schlug Wellen in der ganzen Welt.

Wilde Ideen begannen zu sprießen, wie sich nicht lebende genetische Elemente in ihrem eigenen Interesse fortpflanzen könnten. Was, wenn wir im Grunde alle bloß Maschinen waren? Und warum sollten Maschinen kooperieren wollen, wie wir Menschen das vielfach tun? Mit diesen Gedanken setzte sich vor allem Sir Richard Dawkins in seinem 1976 erschienenen Buch „Das egoistische Gen" auseinander. Dawkins entwarf das äußerst erfolgreiche Mem, wonach Lebensformen als Maschinen dargestellt werden, die darauf ausgelegt sind, ihre egoistischen Gene zu replizieren. Woher kommen dann die vielen Beispiele für Kooperation – bei Menschen und in der Tierwelt? Und was bedeutet Kooperation überhaupt?

Über diese Fragen wurde jahrzehntelang heftig diskutiert. Wie sollten Handlungen im Sinne von unterstützendem Verhalten oder Kooperation – bizarr im Sinne des egoistischen Prinzips - verstanden werden? Bei Blauhähern zum Beispiel bleiben einige Vögel in ihren Familiengruppen und helfen bei der Aufzucht der nächsten Nachkommen ihrer Eltern, die auch ihre Geschwister sind. Warum bauen die Jungen nicht ihr eigenes Nest und ziehen ihre eigenen Nachkommen auf? Nun, jedes Geschwisterchen, in das sie investieren, trägt die Hälfte ihrer Gene in sich. Die Hilfe bei der Aufzucht ihrer Brüder und Schwestern ist also eine indirekte Investition in ihre eigene Fitness. Wenn die Tiere mehr Brüder und Schwestern aufziehen können als eigene Nachkommen, lohnt es sich, zu bleiben und Mama und Papa zu helfen. Ein solches Verhalten wird durch die Verwandtenselektion begünstigt. Diese Verwandtenselektion ist auch das Erfolgsgeheimnis der wunderbaren Bienenstöcke, in denen Schwestern 75 Prozent ihrer Erbinformation teilen. Für sie ist es sinnvoller, einer Schwester mit ihrem Nachwuchs zu helfen, als selbst für Nachkommen zu sorgen. Schließlich teilen sie mit ihr mehr genetisches Material, als sie es mit ihrem eigenen Nachwuchs tun würden.

Allerdings: Auch zwischen nicht verwandten Individuen kommt es zu gegenseitiger Unterstützung, und dieses Verhalten könnte durch Selektion begünstigt werden. Der Evolutionsbiologe Robert Trivers schlug deshalb das Konzept des „reziproken Altruismus" vor, um das Helfen zwischen nicht verwandten Individuen zu erklären. Etwa, wenn ein Gefallen, den man heute einer nicht verwandten Person tut, morgen oder zu einem späteren Zeitpunkt zurückgezahlt wird. Und egal ob verwandt oder nicht, wichtig ist in beiden Fällen jedenfalls, dass man sich wiedererkennt!

Ein solcher lebenserhaltender Tausch von Gefälligkeiten konnte beispielsweise bei Fledermäusen in Zentral- und Südamerika beobachtet werden. Vampirfledermäuse (*Desmodus rotundus*) leben in Kolonien in Höhlen, die sie nachts verlassen, um das Blut aus Rindern zu saugen. Wenn eine Fledermaus in einer Nacht keine Nahrung aufnimmt, könnte sie sterben. Wenn sie allerdings Glück hat, erhält sie eine Blutmahlzeit von einer (nicht verwandten) erfolgreichen Fledermaus, indem diese vorher aufgenommenes Blut erbricht. Und die Empfängerfledermaus revanchiert sich Tage später mit einer Blutmahlzeit bei der Spenderfledermaus. Erstaunlich! Aber Vorsicht: Auf Gegenseitigkeit beruhender Altruismus ist sehr anfällig für Betrug. Man kann heute gerne eine Mahlzeit annehmen und signalisieren, dass man sie morgen zurückzahlen wird – aber was, wenn man das Versprechen nicht hält? Wenn es keine Sicherheitsvorkehrungen gibt, ist ein solches System evolutionär nicht stabil, weil es von Betrügern unterwandert werden kann.

Wie also lassen sich betrügerische Individuen (evolutionsbiologisch) zur Rechenschaft ziehen? Um einen Schwindler zu bestrafen, muss man wissen, wer er ist, man muss ihn also anhand bestimmter Indizien wiedererkennen. Visuelle Individualitätssignale sind dabei äußerst hilfreich. Wir können also erwarten, dass solche äußerlichen Unterscheidungsmerkmale bei in Gruppen lebenden Arten zu finden sind, die sich durch ein hohes Maß an reziprokem Altruismus zwischen nicht verwandten Individuen auszeichnen. In ihrem Buch „The Evolution of Cooperation" haben sich der Politikwissenschaftler Robert Axelrod und William D. Hamilton, ein Evolutionsbiologe, aus spieltheoretischer Sicht mit dem Geheimnis eines stabilen reziproken Verhaltensaustauschs beschäftigt. Und kamen so auf die so genannte „Tit for

Tat"-Strategie, ein Quid pro quo im Sinne von „eine Hand wäscht die andere". In simulierten Spielen, die Tausende Male in verschiedenen Kontexten gespielt wurden, ist die erfolgreichste und stabilste Strategie, das Verhalten des Gegenübers zu spiegeln. Hat sich Ihr Gegenüber großzügig Ihnen gegenüber verhalten, dann seien Sie im Gegenzug ebenfalls großzügig. War Ihr Spielepartner hingegen nicht großzügig und hat Ihnen den Rücken zugekehrt, dann tun Sie es ihm in Ihrem nächsten Zug gleich. Wenn Sie zuerst am Zug sind, seien Sie großzügig.

Aber es sind nicht nur äußerliche Merkmale, die das Wiedererkennen eines bestimmten Individuums erlauben: Das Signalisieren von Individualität bei Tieren wurde vielfach mit Signaturrufen nachgewiesen, also mit einem Ruf oder Lied, das einzigartig für ein Individuum ist. Der Prachtstaffelschwanz ist ein gutes Beispiel dafür. Jedes Weibchen hat eine einzigartige Signatur, die sie an ihre Nachkommen weitergibt. So können sich Eltern und Nachkommen gegenseitig erkennen und die Verwandten von den Nichtverwandten unterscheiden. Delfine haben charakteristische Pfeiftöne. Bei der Geburt gibt eine Delfinmutter ihrem Nachwuchs mit einem einzigartigen Pfeifton einen Namen. Die anderen Delfine benutzen diesen Pfiff, wenn der neu benannte Delfin in der Gruppe auftaucht, so als würden sie „Hallo Naomi" zu ihm sagen.

Auch Gänse schauen sich gerne Fotos an

Leia ist innerhalb der Grünauer Gänseschar eine starke Führungspersönlichkeit. Mit ihren vierzehn Jahren ist sie eine Gans im mittleren Alter, sie ist mutig und sie ist eine Witwe. Ihr Partner Leeluu wurde von einem Fuchs getötet, während er vor der Bruthütte Wache stand. Nun hat Leia sich mit dem gleich alten Ballantine zusammengetan. Ballantine war bisher eigentlich als Schürzenjäger bekannt, der seine erste Partnerin im Stich ließ, häufig mit anderen Weibchen kopulierte und seine Nachkommen ignorierte – bis nun Leia „Ja“ zu ihm sagte! Ihr gegenüber verhält er sich nun sehr partnerschaftlich und weicht ihr nicht von der Seite.

Eines Tages wurde nun Leia plötzlich von Triton angegriffen, der Tochter einer großen Gänsedynastie, die von den legendären Eltern Timber und Murphy abstammt – von ihnen werden Sie später noch hören. Nach Tritons Angriff näherte sich Dorothea, ein unauffälliges, kleines Weibchen, das für gewöhnlich riskante Situationen vermeidet, und stellte sich neben Leia. Wie mutig von Dorothea! Sie stärkte Leia quasi den Rücken, indem sie eine bedrohliche Nackenhaltung gegenüber Triton einnahm. Obwohl sie nicht miteinander verwandt sind, ist Dorothea eine gesellschaftliche Verbündete von Leia – nach dieser Aktion noch viel mehr. Aber warum tut Dorothea das bloß?

Wenn wir uns die oben genannten Verhaltenstheorien über Wiedererkennung und „Tit for Tat“ ins Gedächtnis rufen und an solche Beobachtungen bei unserer Gänseschar denken, spricht eigentlich alles dafür, dass unsere Gänse sich tatsächlich gegenseitig erkennen. Dorothea unterstützt Leia mehr als zum Beispiel Kolibri, und damit befinden sich Dorothea und Leia in einem „Gefälligkeitstausch“-Netzwerk und Kolibri in einem anderen. Aber wie steht es konkret um das Gesicht als visuelles Signal der Individualität bei den Graugänsen? Wir Wissenschaftlerinnen und Wissenschaftler haben unsere Vermutungen ja schließlich stets mit den Ergebnissen konkreter Experimente zu untermauern.

Deshalb haben wir unsere Gänse auf die Probe gestellt. Masterstudent Benedikt Heger hat 2022 circa hundert Gänsefotos in Lebensgröße auf wasserfesten Stoff gedruckt. Anschließend platzierte er die Fotos der Gänse, jeweils auf eine Holzplatte geklebt, auf einer Wiese. Mit Steinen kennzeichnete er den Abstand vom Foto – eine 2-Meter- und 1-Meter-Marke –, um die Entfernung später auf der Videoaufnahme identifizieren zu können. Vor jedes Foto stellten wir eine Schale mit gepressten Graspellets.

Oben: Beim Fotoexperiment an der KLF wird ein lebensgroßes Foto einer Graugans auf einem Feld platziert, vor dem Foto eine Schüssel mit Futter. Eine GoPro-Kamera zeichnet auf, wer sich dem Foto nähert. Es hat sich gezeigt, dass Graugänse sich eher einem Foto ihres Partners annähern und dort fressen als dem Bild eines nicht verwandten oder unbekannten Artgenossen.

Unten: Das junge, wenige Wochen alte Gössel Boris schläft neben einer Kamera. Später, im Alter von einem Jahr, weist Boris weiterhin hohe Werte für Neophilie (Offenheit gegenüber Neuem) auf - eine Eigenschaft, die offensichtlich schon bei Boris als ganz jungem Tier vorhanden war.

Und schließlich stationierten wir eine Kamera in 2,2 Meter Entfernung und drückten den Aufnahmeknopf. Was würden die Gänse tun? Anhand der farbigen Fußringe der Tiere wussten wir, wer sich gerade in der Nähe aufhielt, und konnten beobachten, wie sich die jeweilige Gans jedem Foto näherte. Die Kamera lief ununterbrochen.

Wir waren verblüfft: Wenn sich eine Gans einem Foto ihres Partners näherte, näherte sie sich schneller, verbrachte mehr Zeit beim Fressen im Umkreis von einem Meter und gab Kontaktrufe von sich. Wir fanden dasselbe Muster bei Männchen und Weibchen. Stand die Gans hingegen einem Foto eines bekannten, aber sozial weniger wichtigen Artgenossen gegenüber, brauchte sie länger, um sich zu nähern, und gab keine Kontaktrufe ab. Wenn wir ein Foto von der Gans selbst platzierten – eine für sie unbekannte Gans, die sie noch nie zuvor gesehen hatte –, zeigte sie erhöhte Wachsamkeit und agonistisches Verhalten wie Zischen und Drohgebärden.

Zu unserer großen Überraschung reagierten die Gänse in dem Experiment so, als ob sie die Identität der Gans auf dem Foto erkennen würden bzw. als ob sie wüssten, dass sie eine unbekannte Gans sehen. Mit diesem sehr einfachen Test zeigten wir die soziale Bedeutung eines Gänseporträts für ihr Verhalten. So wie wir uns gerne Fotos unserer Lieben anschauen, gilt dasselbe offenbar auch für die Gänse. Was diese Erkenntnisse in der Praxis bzw. für andere Tierarten bedeuten, ist noch völlig offen. Möglicherweise könnten wir Fotos von Artgenossen in Zoogehegen anbringen, um das Wohlbefinden sozialer Arten zu steigern.

Solche Fotos könnten das Gefühl der Isolation bei einer in Gefangenschaft gehaltenen sozialen Art verringern. Oder als eine Art „sanftes Bekanntmachen" eingesetzt werden, bevor ein neues Tier im Gehege eingewöhnt wird. Vielleicht zeigen sich in Gefangenschaft lebende Individuen gruppenlebender Arten auch weniger ängstlich, wenn sie ein Foto eines unbekannten und kleineren Artgenossen sehen. Aus Sicht des Artenschutzes können Tiere in Gefangenschaft schließlich wichtige genetische Reservoirs für die Wiederauswilderung sein, wie wir bei Waldrapp und Wisent in Kapitel 10 erfahren werden.

Lassen sich aus diesen Erkenntnissen über die Reaktion der Gänse auf die Fotos auch in theoretischer Hinsicht Schlussfolgerungen ableiten? Als Forschende versuchen wir schließlich, biologisch verallgemeinerbare Prinzipien zu entdecken. Wie aufschlussreich sind unsere Ergebnisse in Bezug auf den reziproken Altruismus?

Denken wir noch einmal an das Bündnis zwischen Leia und Dorothea, die sie im Kampf gegen Triton unterstützte: Wir wissen, dass Gänse eine erhöhte Herzfrequenz aufweisen, wenn sie ihre sozialen Verbündeten oder Familienmitglieder in einen Kampf verwickelt sehen. Eine Reihe von Experimenten von Brigitte Weiß und Kolleg*innen hat gezeigt, dass die Tiere die Fähigkeit haben dürften, aus Beziehungen unter Artgenossen Schlüsse zu ziehen. Wenn beispielsweise ein aus ihrer Sicht rangniedrigerer Artgenosse einen Dritten besiegt, stehen auch ihre eigenen Chancen gut, diesen Dritten zu schlagen. Diese Fähigkeit wird in der Verhaltensbiologie „transitive Inferenz" genannt. Sie ist eine Grundlage für das Verständnis der Komplexität sozialer Beziehungen, insbesondere in Systemen mit einer Dominanzhierarchie.

Die evolutionsbiologische Bedeutung unseres Gesichtserkennungsexperiments sieht also folgendermaßen aus: Die Graugänse können mithilfe ihrer Fähigkeit, andere zu erkennen, ihre Investitionen in Verwandte und soziale Verbündete lenken. Die sozial Verbündeten werden so Teil ihres reziproken Altruismus-Netzwerks. Die Gänse beherrschen das Prinzip des „Tit for Tat" wunderbar und dank ihres guten Gedächtnisses scheinen sie sich wochenlang an gute oder schlechte Taten erinnern zu können – auch an jene von uns Menschen. Das wissen wir aus unserer Erfahrung mit Graugänsen: Helfen Sie einer verletzten Gans – und Sie haben

Fortuna schaut sich im Spiegel an. Was sieht sie? Wahrscheinlich eine Konkurrentin von gleicher Größe, die sich genauso verhält wie sie selbst. Und was tut sie? Fortuna hält mit festem Blick die Stellung. An der KLF werden Spiegeltests für Persönlichkeitstests verwendet: vor allem, um Aggressivität zu messen, aber auch andere Verhaltensmuster am und um den Spiegel herum.

einen Freund fürs Leben gewonnen. Wenn Sie hingegen jemals eine Gans verärgert haben, kann es Jahre dauern, bis diese ihre Meinung über Sie ändert. In dem Fall viel Glück – am besten verärgern Sie keine Gans, wenn Sie ein friedliches Leben führen wollen.

Aus Sicht des Naturschutzes bietet unsere Gesichtserkennungssoftware übrigens auch neue Ansätze. Tiere mit individuell ausgeprägten Gesichtern und/oder Körpermustern können anhand von Fotos genau identifiziert werden, was wiederum die Möglichkeit einer Bürgerbeteiligung eröffnet, etwa indem auch Aufnahmen aus der Bevölkerung in entsprechenden Datenbanken hochgeladen werden können. Das hat einerseits das Potenzial, die Einstellung der Menschen gegenüber Wildtieren zu verändern. Andererseits können Fotos, die Tiere als Individuen erfassen, zur Bewertung ihrer Bewegungsmuster beitragen, zum Beispiel anhand von Sichtungen ein- und desselben Tieres in verschiedenen Gebieten. Auch Populationsgrößen könnten so genauer bestimmt werden, weil Doppelzählungen desselben Tieres vermieden werden.

Eines muss ich Ihnen noch über unsere Gänse in Grünau erzählen: 2022 haben wir sie vor Spiegeln im Freiland getestet, ähnlich dem Experiment mit den Fotos. Und ich kann bestätigen, dass die meisten Gänse sich im Spiegel nicht wiedererkennen – mit einer Einschränkung (die Auflösung folgt in Kapitel 9). Sie gehen recht aggressiv auf den Spiegel los und versuchen, die neue Gans zu vertreiben, die sich genauso dreist verhält wie sie selbst.

6. Dem Fuchs entkommen: Wann ist eine Gefahr eine Gefahr?

Jetzt ist schon wieder etwas passiert. Erst erwischte es Lavender, dann Rübezahl und jetzt auch noch Ficus. Sie wird von unserem engagierten Zivildiener Antonio im Juli 2023 gefunden. Er stolperte praktisch über den Körper der Gans – ohne Kopf, der war davor abgetrennt worden. Die Kiele der Federn waren dabei von einem Fuchs angefressen worden. Daran erkennen wir, wer die Gans getötet hat: Ein Greifvogel würde die Federn ausrupfen, die Kiele bleiben dann unversehrt. Hier hatte jedenfalls der Fuchs die Gans gestohlen. Und irgendetwas hat ihn gleich danach bei seinem Festmahl gestört. Vielleicht Antonio? Ihm jedenfalls bot sich ein makabrer Anblick.

Es mag sein, dass ich Ihnen bisher den Eindruck einer heilen Welt bei uns in Grünau vermittelt habe. Doch dem ist nicht ganz so. Nur ein Monat vor Ficus, im Juni, hatten wir ein abgetrenntes Gänsebein in einem Waldstück gefunden. Das war alles, was von Rübezahl, einem sechsjährigen Weibchen, übrig war. Identifizieren konnten wir sie nur, weil es ihr rechter Unterschenkel war, an dem noch der Fußring mit ihrer Kennnummer steckte. Gänse leben sehr gefährlich. So eng unsere Beziehungen zu manchen von ihnen, insbesondere den handaufgezogenen, auch sind – wir müssen jeden Tag damit rechnen, dass sie plötzlich verschwinden oder getötet werden.

Auch die achtjährige Lavender, eine mutige und abenteuerlustige Gans, überlebte den Frühling nicht, dabei war sie schon 2017 nur knapp dem Tod entronnen: Dido entdeckte sie damals skalpiert, mit freiliegendem Hirngehäuse. Ihre Kopfhaut hing herab und verdeckte Lavenders rechtes Auge, sodass Dido sie leicht fangen konnte. Vielleicht war es ein Adler gewesen, der die Kopfhaut mit seinen scharfen Krallen in einer sauberen Linie aufgeschnitten hatte. Dido brachte Lavender zum Tierarzt, der sie wieder zusammenflickte. Bemerkenswerterweise erholte sie sich und zog zusammen mit Rili noch Nachkommen auf, die jedoch alle starben. Und auch Lavender starb im selben Jahr, sie fiel einem Fuchs zum Opfer. Insgesamt war 2023 ein schlechtes Jahr für unsere Graugänse. Die Fuchsgemeinschaft scheint dagegen besser zu gedeihen als gewöhnlich.

Von wegen heile Gänsewelt also. Mit einer romantischen Vorstellung von „Natur" haben aber eigentlich schon Charles Darwin und einige seiner Zeitgenossen Mitte des 19. Jahrhunderts aufgeräumt. Darwin veröffentlichte 1859 sein Werk „On the Origin of Species" („Über die Entstehung der Arten"), in dem er die radikale Idee der Evolution durch natürliche Selektion darlegte. Der Begriff „Evolution" war damals zwar bereits seit Jahren bekannt gewesen, aber niemand wusste, durch welchen Prozess evolutionäre Veränderungen stattfinden. Darwins revolutionärer Beitrag zur Wissenschaftsgeschichte bestand also darin. zu zeigen, wie die natürliche Auslese die Evolution vorantreibt.

Die Idee dieses ständigen Existenzkampfes, des Fressens und Gefressenwerdens, inspirierte die Kunstwelt, prägte Theorien in Wirtschaft und Wissenschaft, vor allem im Großbritannien dieser Zeit: Der Dichter Lord Alfred Tennyson beschrieb Vorgänge in der Natur mit dem Begriff „red in tooth and claw", also „rot an Zahn und Klaue", was zum geflügelten Wort in der englischen Sprache wurde. Auch viele der Gemälde des britischen Malers George Bouverie Goddard, darunter kämpfende Wölfe in „The Struggle for Existence", kreisen um diese stete Bedrohung durch „Zahn und Klaue".

Darwin schreibt: „Man kann sagen, dass die natürliche Auslese täglich und stündlich auf der ganzen Welt jede noch so kleine Veränderung prüft, das Schlechte verwirft, das Gute bewahrt und ergänzt, still und unmerklich, wann und wo immer sich die Gelegenheit bietet, an der Verbesserung jedes organischen Wesens im Verhältnis zu seinen organischen und anorganischen Lebensbedingungen arbeitet."

Jederzeit zu „Beute" werden zu können – das ist ein starker Selektionsdruck. Im ständig laufenden Evolutionsprozess prägt er die Merkmale einer Population, Merkmale, die bestimmen, wer überlebt und wer stirbt. Was sehen wir, wenn wir versuchen, durch die Augen eines Beutegreifers auf das verworrene Geflecht des Zusammenlebens und Sterbens von Pflanzen und Tieren innerhalb eines Ökosystems zu blicken? Wir sehen die artspezifischen und die individuellen Herangehensweisen, die die Überlebenschancen Einzelner erhöhen oder auch verringern. Wie überlistet man einen Fuchs? Oder wie läuft man schneller als ein Gepard? Vielleicht liegt ein Teil der Antwort darin, die Feinde aus der Reserve zu locken. Einen Fuchs kann man etwa vertreiben. Und einen Gepard erschöpfen. Welche Strategien haben Graugänse entwickelt, um individuell und als Art zu überleben? Und wo stehen sie, aber auch wir Menschen innerhalb dieser verworrenen Netzwerke heute?

Wie Darwin feststellt, ergeben sich die Ursachen für den unerbittlichen Kampf ums Überleben „zwangsläufig aus der hohen Rate, mit der sich organische Lebewesen zu vermehren pflegen". Und weil die Fortpflanzung mehr Individuen hervorbringt, als jemals überleben können, „muss es in jedem Fall einen Kampf ums Dasein geben, entweder zwischen Individuen derselben Art oder zwischen Individuen verschiedener Arten oder mit den physischen Bedingungen des Lebens". Das Wachstum wird also durch das nicht zufällige Überleben eingeschränkt. Anders ausgedrückt: Es überleben nur jene Individuen, deren Eigenschaften für die zum jeweiligen Zeitpunkt am jeweiligen Ort vorherrschenden Bedingungen geeignet sind. Das ist die blinde Macht der natürlichen Auslese.

Beutegreifer und Beute – eine gemeinsame Entwicklung in Koevolution

Gänseverbände sind ein besonders gutes System, um Konzepte der natürlichen Selektion zu studieren und zu testen, da sie die bevorzugte Nahrung für eine Reihe von Fressfeinden sind. Ihre Sinne sind auf Gefahren geschärft – und zwar auf genau diejenigen, die lebensbedrohlich für eine Graugans sein können. Sie kommunizieren auch für uns wahrnehmbar über Risiken innerhalb der Gruppe. Doch nicht alles folgt einheitlichen Regeln, wenn es um die Position des individuellen Tiers in der Gänsegesellschaft geht: So kann auch eine besonders kommunikative und hochrangige Gans eine Hochrisikoposition in der Schar einnehmen – bis sie womöglich selbst gefressen wird.

Ich stand neben dem bereits erwähnten zwanzigjährigen Ganter Joshua und meinem Kollegen Sepp auf der Wiese vor der Konrad Lorenz Forschungsstelle. Joshua schaute nach oben, den Kopf zur Seite geneigt. Während ich perplex auf Joshua hinunterblickte, hatte Sepp den Blick auf den Himmel gerichtet, deutete auf etwas und sagte: „Da ist er." Ich folgte Sepps Blick und sah einen kleinen schwarzen Punkt, der sehr hoch oben kreiste. Ein Adler am Himmel. Der Kampf ums Dasein führt zu Fähigkeiten und Anpassungen, die die Überlebenschancen in beiden Systemen erhöhen. Wir nennen das auch eine Koevolution: Nicht nur Adler haben die Fähigkeit entwickelt, ihre Beute am Boden wahrzunehmen, sondern auch die Beutetiere wurden im evolutionären Prozess so selektiert, dass sie einen Adler in der Luft erkennen.

Kurt Kotrschal, Josef Hemetsberger und John Dittami konnten nachweisen, dass Gänse auf verschiedene Adlerarten unterschiedlich reagieren, je nachdem, welche Bedrohung sie für sie darstellen. Die Gänse haben auch spezielle Rufe für verschiedene Arten von Fressfeinden, etwa Luftalarmrufe („Whee") für Adler und Landalarmrufe („Graa") für Füchse. Sobald sie also eine bestimmte Art von Beutegreifer erspähen und Alarm geschlagen wird, zeigen die Gänse ein artspezifisches Reaktionsmuster: Wenn sie Steinadler oder Fuchs entdecken, fliehen sie aufs Wasser; auch ein Wolf würde diesen Alarm auslösen. Bemerken sie hingegen einen Seeadler, fliegen sie auf und kreisen zusammen in der Luft, bevor sie möglichst nahe an Bäumen landen. Das ist im Sinne der Evolution schlau von den Gänsen, denn Seeadler sind geschickte Jäger auf dem Wasser.

Auch zu diesem Verhalten in Hochrisikosituationen haben wir ein Experiment durchgeführt, und zwar mit einem ausgestopften Fuchs, im Fachjargon auch „taxidermische Montur" genannt. Sepp, Dido und ich bedeckten das präparierte Tier mit einem Tuch und schmuggelten es so mitten unter die Gänse, die sich beim Fressen und Ausruhen in einem losen Verband auf der Wiese aufhielten. Als wir das Tuch von der Fuchsattrappe zogen, geschah etwas Erstaunliches: Die Gänse stießen den terrestrischen Alarmruf „Graa" aus und rannten alle zusammen. Sie formierten sich zu einer geschlossenen Gruppe, standen mit ausgestreckten Hälsen in einer extremen Wachsamkeitsposition da und gingen dann gefasst, aber zügig Richtung Wasser. Mich erinnerten sie an Ballerinas, die sich im selben Takt bewegen: Die Füße der Tiere marschierten im Gleichschritt, während Köpfe und Hälse ausgestreckt blieben. Einige von ihnen wasserten, andere blieben stehen und sahen sich skeptisch nach dem Fuchs um, der sich schließlich ebenfalls nicht regte.

Eine außergewöhnliche Reaktion: In Zeiten extremer Bedrohung gehen die Gänse von ihrer ausgeprägten Individualität zu einer Gruppenidentität über. Wir bezeichnen das – mithilfe eines aus der Thermodynamik entlehnten Begriffes – als einen Phasenübergang, den die Gänse als einzige bekannte Art an Land zeigen; wir kennen solche Formationen sonst nur von Fischschwärmen im Wasser oder etwa Starenschwärmen in der Luft. Gänse sind sehr sozial und bewegen sich in Zeiten der Bedrohung als Einheit,

Oben: Obelix ist in der Position „Auge auf“ und hält Ausschau nach einem fliegenden Fressfeind. Um Gefahren am Himmel zu erkennen, neigt die Gans ihren Kopf zur Seite, sodass ihr Auge nach oben gerichtet ist. Wenn Sie dieses Verhalten beobachten, können Sie sicher sein, dass sich ein Greifvogel in der Luft befindet - von Flugzeugen lassen sich die Graugänse nicht täuschen.

Unten: Obwohl Graugänse im Wasser vor Füchsen und Steinadlern sicher sind, können Seeadler eine unausweichliche Gefahr darstellen. Lavender ist in der Position „Auge auf“ auf dem Wasser und hält wohl Ausschau nach Seeadlern.

Oben: Ein ausgestopfter Fuchs, der verwendet wird, um das Verhalten von Graugänsen auf Beutegreifer zu testen.

Mitte: Wölfe stehen an der Spitze der Nahrungskette und stabilisieren als Prädatoren Ökosysteme in der Natur. Der Cumberland Wildpark beherbergt das einzige kombinierte Wolf-Bären-Gehege in Europa.

Unten: Ein Bär im Cumberland Wildpark. Das Verständnis unserer starken emotionalen Reaktion auf Wölfe und Bären ist unerlässlich, um eine Zukunft zu planen, in der Menschen und Wildtiere zusammenleben.

wobei die Form, die der Schwarm dabei einnimmt, sehr unterschiedlich sein kann. Mal gruppieren sie sich zu einem länglichen Parallelogramm, in anderen Situationen bilden sie die Form eines Kreises oder Ovals. Die Tiere an der Peripherie der Gruppe sind dabei am gefährdetsten, denn sie stellen das erste Ziel eines sich nähernden Beutegreifers dar, insbesondere eines Fuchses. Aus diesem Grund konkurrieren die Gänse um den Zugang zu zentralen und sicheren Plätzen im Inneren der Formation. Wovon hängt das Zugangsrecht zu den sichersten Plätzen in der Schar ab? Die Größe der Familie und die Anzahl der sozialen Verbündeten spielen hier eine Rolle. Größere Gänsefamilien neigen dazu, die zentrale Position der Schar zu besetzen, während die einzelnen Gänse an die Peripherie verdrängt werden. Sie fungieren als Wächter, weisen also eine erhöhte Wachsamkeit auf und haben somit weniger Zeit zum Fressen. Es ist also eine stressige Position, die sie einnehmen. Aber durch die Wachsamkeit der übrigen Tiere haben selbst diese Gänse an den Randpositionen eine bessere Chance, als Mitglied der Gruppe zu überleben, als wenn sie versuchen, allein zurechtzukommen.

Haben Gänse Angst vor UFOs?

Wenn wir als Menschen über das Verhalten der Gänse in Gefahrensituationen nachdenken, müssen wir immer eines im Gedächtnis behalten: Wir sind immer Jäger, sie nicht. Deshalb müssen wir umdenken, wenn wir uns in sie hineinversetzen wollen. Vielleicht verfügen die Tiere auch über eine Form von Intelligenz, eine Herbivoren-Intelligenz, die wir (noch) gar nicht erkennen. Wir wissen jedenfalls: Sicherheit ist für sie zentral.

Wobei: Wenn wir uns das Gegensatzpaar Sicherheit und Freiheit als eine Wippe vorstellen, dann sind auch wir Menschen in den westlichen Gesellschaften bzw. im Globalen Norden in den vergangenen Jahrzehnten stark auf eine Seite gekippt, und zwar auf die der Sicherheit. Ich habe zum Beispiel meine erste Reiseversicherung im Alter von dreiunddreißig Jahren abgeschlossen – lange nach meinem Forschungsaufenthalt in Tansania. Heute kann eine Forschungsreise ohne Versicherung praktisch nicht stattfinden. Muss man mein Vorgehen als Maßstab nehmen? Natürlich nicht. Kann ich's empfehlen? Nur auf eigene Gefahr.

Aber vielleicht sollten wir auch als Gesellschaft darüber nachdenken, ob tatsächlich alles durchgeplant und durchgetaktet sein sollte – in unserem Leben genauso wie in der Natur, die uns umgibt. Wäre es nicht an der Zeit, wieder mehr Wildnis rund um uns herum zuzulassen? Nicht nur, weil unsere Rolle, auch einmal die Beute zu sein, Teil unserer Vergangenheit ist, sondern auch, weil wir Menschen uns zu langweilen scheinen oder unflexibel werden, wenn wir nicht zumindest mit einer gewissen Unberechenbarkeit unserer Umgebung konfrontiert sind. Wenn wir uns hingegen ausschließlich als urbanes oder als Laborwesen begreifen wollen, verpassen wir sehr vieles, was uns in unserer Vergangenheit geformt hat – und uns auch heute noch beeinflussen könnte.

Der Trend geht derzeit eher dahin, uns alles gefügig zu machen, die Dinge nach unseren Vorstellungen auszurichten, anstatt uns formen zu lassen. Wir haben auch einen neuen Namen für diese Ära: das Anthropozän, gekennzeichnet unter anderem durch die Klimakrise und ein rasantes Artensterben.

Tiere, die auch uns Menschen gefährlich werden könnten, möchten wir wirklich nicht in unserer Nähe wissen und wir haben alles in unserer Macht Stehende getan, um diese Arten zu eliminieren. Das Problem dabei: Dieses Vorgehen destabilisiert die Ökosysteme grundlegend. An der Konrad Lorenz Forschungsstelle erforschen wir deshalb auch Greifvögel, deren Einfluss für einen ausbalancierten Naturlebensraum essenziell sind. Wir haben dafür zwei ausgewiesene Greifvogel- und Eulenexperten: Petra Sumasgutner und ihren Partner Shane Sumasgutner.

Das Almtal beherbergt eine reiche Vielfalt an Greifvögeln, darunter Steinadler, Wanderfalke, Turmfalke, Baumfalke, Rotmilan, Habicht, Wespenbussard, Mäusebussard, Uhu und Waldkauz. Der Steinadlerbestand scheint sich langsam zu erholen – das haben Petra und ihr Team beobachtet: Da die Mauserzeit, in der die Tiere ihre Federn verlieren und diese wieder neu wachsen, sich beim Steinadler über drei Jahre erstreckt, sind die einzelnen Vögel an dem Muster des Federverlusts (den sogenannten „Mauserlücken") zu erkennen. Gänse oder Singvögel hingegen mausern jährlich.

Unsere aufmerksamen Beobachter*innen der Adler können deshalb mithilfe eines Fernrohrs oder Teleskops die Revierpaare zumindest saisonal identifizieren. So hat Petra drei Steinadlerreviere im Almtal festgestellt. Wir haben in diesem Jahr den Flugerfolg eines Steinadlers gefeiert, der in einem Horst in einer Felswand über dem Almsee aufgewachsen ist – also weit entfernt von menschlichem Einflussgebiet. Petra glaubt, dass diese Meidung des Menschen darauf zurückzuführen ist, dass wir in Österreich durch die langjährige Verfolgung auf sehr scheue Steinadler selektiert haben. Generell gelten übrigens Top-Prädatoren wie Adler in der Evolutionsbiologie als nicht unbedingt die Schlauesten, was auch Konrad Lorenz in „Er redete mit dem Vieh, den Vögeln und den Fischen" erwähnt („viel dümmer als jedes Hendel!"): Sie haben zwar üblicherweise eine ausgezeichnete Wahrnehmung und können superschnell oder superstark sein. Aber ihre Beutetiere, für die es darum geht, ihre Angreifer auszutricksen, haben dafür viel mehr Köpfchen.

Petra und Shane, die auch an Raben forschen, setzen Drohnentechnologie ein, um zum Beispiel die Nester der Kolkraben in den Klippen des Toten Gebirges zu beobachten. Die Rabennester befinden sich manchmal sehr abgelegen, in winzigen Spalten einer Felswand. Der Einsatz der Drohne brachte uns auch auf eine Idee für die Gänse: Wie würden sie auf ein UFO, ein ihnen völlig unbekanntes Flugobjekt und eine neue Gefahr aus der Luft reagieren?

Im Allgemeinen sind Graugänse sehr neophob. Wir haben dies getestet, indem wir unbekannte und bewegungslose Objekte auf der Wiese platziert und ihre Reaktionen beobachtet haben. Ich war überrascht, wie zögerlich die Tiere sich einem solchen neuen Objekt näherten und wie wenig Unterschiede in der Größe des Objekts eine Rolle zu spielen schienen. Ein mit roter oder blauer Flüssigkeit gefülltes Glas war kein Problem, solange es nur etwa 10 cm hoch war. Wenn das Glas jedoch 15 cm hoch war, dauerte es viel länger, bis die Gänse sich ihm näherten. Warum das so ist? Ich habe keine Ahnung. Insgesamt zögert die Gänseschar also, sich schnell auf etwas Neues einzulassen. Aber eine Handvoll Gänse nähert sich immer schnell und dann, im Laufe der Zeit, beginnen auch die anderen, sich zu trauen. Was würde passieren, wenn sich das neue Objekt bewegt? Wird diese Art von Objekt von den Gänsen nun angesichts der Bewegungsachse als potenzieller Beutegreifer eingeordnet?

Shane programmierte die Drohne mit einer standardisierten Flugroute und startete sie aus einer Entfernung von einigen Hundert Metern. Sie flog zum Auingerhof, wo die Gänse versammelt waren. Unsere geschätzten Forschungsstelle-Praktikant*innen wurden strategisch rund um die Gänseschar positioniert, um das Verhalten der Gänse aus verschiedenen Perspektiven zu dokumentieren. Parallel dazu sammelten wir Kotproben, einige Stunden vor, während und nach dem Drohnenflug, um die Stressbelastung der Tiere zu messen.

Wie schon bei der Fuchsattrappe war auch diesmal die Verhaltensreaktion bemerkenswert: An Tag eins lagerten die knapp hundert Gänse lose über die Wiese verteilt, als die Drohne erschien. Sie liefen aus allen Richtungen zusammen und als das Flugobjekt etwa dreißig Meter über ihnen schwebte, standen sie im Verbund dicht zusammen mit einem sehr regelmäßigen Abstand von etwa einem halben Meter zwischen den einzelnen Gänsen. Von oben sah es aus, als wäre aus den versammelten Gänsekörpern eine geometrische Form, ein unregelmäßiges Vieleck oder Oval entstanden. Es herrschte Totenstille und ihr Schnattern war vollkommen eingestellt.

Am nächsten Tag liefen die Gänse beim Ankommen der Drohne wieder zusammen und bildeten das Oval, das aber diesmal nicht mehr so eng beieinander war. Und am vierten Tag reagierten sie gar nicht mehr auf die Drohne – sie waren zwar schon wachsam und beobachteten das unbekannte Objekt am Himmel, aber sie veränderten deshalb nicht ihre Positionierung innerhalb der Gruppe, weideten weiter, schnatterten weiter. Wir schlussfolgern daraus, dass die Gänse zwar wachsam gegenüber einer sich nähernden Drohne sind – es wäre dumm, wenn sie es nicht wären, schließlich macht die Drohne ja immer auch ein irritierend surrendes Geräusch –, aber dies schlug sich nicht mehr in einer unmittelbaren Stressreaktion nieder. Das tat die Drohne übrigens auch physiologisch nicht: Im Kot veränderte sich die Konzentration der Ausscheidungsprodukte des Steroidhormons Kortikosteron, das zur Bestimmung einer unmittelbaren Stressreaktion verwendet werden kann, bei den Gänsen während der Wochen der UFO-Sichtungen nicht.

Auch wenn wir vielleicht annehmen, dass wir die Graugänse mit einer Drohne stressen, ist das gar nicht der Fall! Sie können offenbar schon nach wenigen Sichtungen erkennen, wann sich die ganze aufreibende Aufregung auszahlt, wann also ein Objekt tatsächlich eine Gefahr für sie darstellt, und wann nicht.

Angeregt durch diese Studie habe ich den Versuch an Koalas in Australien wiederholt. Zusammen mit meiner Kollegin Diane Colombelli-Négrel ließen wir eine Drohne vor den Koalas fliegen und maßen die physiologische Stressreaktion der Tiere mit einem Fitbit-Armband, das uns Auskunft über Körperparameter wie ihre Herz- oder Atemfrequenz gab. Wir fanden genau das gleiche Muster wie bei den Gänsen: Die Koalas zeigten ebenfalls eine erhöhte Wachsamkeit gegenüber der Drohne, aber keine

L'Amour, sein Partner Pudding und andere Artgenossen fliehen zunächst vor einer Gefahr und versuchen dann, auf einer nahen flachen, von Bäumen umgebenen Wiese sicher zu landen.

physiologische Stressreaktion. Artenübergreifende Studien sind unerlässlich, um die Verallgemeinerbarkeit von Ergebnissen zu prüfen und in diesem Fall auch, um zu wissen, welche Arten mit einer Drohne überwacht werden können, ohne eine physiologische Stressreaktion auszulösen.

Die Faszination des Phasenübergangs

Wir wissen, dass Graugänse in gefährlichen Situationen ein bestimmtes kollektives Verhalten an den Tag legen und sich als Einheit bewegen und sogar geometrische Formationen bilden können. Individuell haben dieselben Graugänse, die sich nahtlos in ein Kollektiv einfügen, aber auch starke Individualitätsmerkmale. Welche individuellen Merkmale oder Kombinationen von Merkmalen sorgen dafür, dass eine Graugans besser in der Lage ist, einen hochwertigen Partner zu finden, eine große Anzahl von Eiern zu legen und/oder lange genug zu überleben, um ein reiches Netzwerk von Verwandten und sozialen Verbündeten aufzubauen? Nicht nur die Genetik und die Gesichtssymmetrie oder die Angleichung der Hormone und der Physiologie, sondern auch kognitive Eigenschaften tragen dazu bei, wie kompetent sie als Partner, Mutter, Vater und sozialer Verbündeter sind.

Schauen wir uns diese Fragen am Beispiel von Tumnus an. Tumnus schlüpfte 2017 und entstammt einer Gänsedynastie, ihre Eltern sind Timber und Murphy. Sie selbst ist eher still und nicht mutig, aber dafür ihre Schwester Triton. Tumnus hat ein schwieriges Jahr hinter sich. Sie und ihr Partner Kokosnuss haben mehrere Jahre lang versucht, eine Familie zu gründen, aber erst 2023 hatten sie einen Bruterfolg und es schlüpften drei Gössel. Aber bereits kurz danach verschwand eines nach dem anderen, bis alle Nachkommen weg waren. Tumnus hatte früher eine sehr hochrangige Position als Tochter des erfolgreichsten Weibchens in der Geschichte der Schar. Doch seit sie alle drei Gänseküken verloren hat, wirkt sie deprimiert, ihre Haut ist schlaff und sie bleibt in geduckter Haltung und sozialer Isolation abseits von ihrem Partner am Rande der Gruppe.

Ihr Kumpel Giovanni setzt sich manchmal für sie ein und verteidigt sie, wenn andere Gänse sie angreifen, wie beispielsweise Jafar. Triton und Tumnus haben jetzt eine engere Bindung als früher. Sie verbringen mehr Zeit miteinander als in der frühen Jugend und Triton kommt Tumnus zu Hilfe, wenn sie bedroht wird. Kokosnuss wird inzwischen mit den anderen Mitgliedern der Schar gesehen, nicht mehr mit Tumnus' Familie, und die Beziehung zwischen Tumnus und Kokosnuss ist belastet. Sie verbringen nicht mehr viel Zeit miteinander. Und das ist sehr riskant für eine Gans und ihr Überleben.

Wir wissen, dass die Gänse beim Ruhen und Nisten eine räumliche Verteilung haben, bei der sich die weibliche Verwandtschaft zusammenballt und die Männchen sich in andere Gebiete ausbreiten. Und wir wissen, dass die Gänse einander erkennen und sich gegenseitig bei Allianzen und Konfliktlösungen unterstützen. Sie kommen sich gegenseitig zu Hilfe und können sich anhand von Stimme und Gesicht erkennen. Neben diesen individuellen Merkmalen gibt es in der Gänsegesellschaft auch noch die Fähigkeit zum Übergang von der individuellen zur gruppenbezogenen Identität, dem bereits erwähnten Phasenübergang, der anderen Regeln folgt.

Im Zuge dieses Phasenübergangs „verliert" die einzelne Gans ihren Status. Unabhängig davon, wo das Tier in der Hierarchie steht, wird es in der Situation der Bedrohung einfach zum Gruppenmitglied. Trevor mag als Individuum scheu sein – aber als Gruppenmitglied in einer Gefahrensituation spielt diese Eigenschaft keine Rolle mehr! Wenn die Elterntiere bei der Futtersuche von einem Fuchs angegriffen werden, könnte die Selektion mutige Eltern bevorzugen, die ihre Nachkommen verteidigen. Dies könnte stabil sein, da die Gänseküken selbstständig auf Nahrungssuche gehen und somit überleben könnten. Innerhalb einer Gruppe nicht verwandter erwachsener Tiere hat der Zusammenschluss jedoch auch Vorteile für die Erwachsenen. Jetzt erhöhen die erwachsenen Graugänse ihre Überlebenschancen, indem sie mit anderen Graugänsen zusammen sind. Die Graugänse haben sowohl starke individuelle Eigenschaften als auch die Fähigkeit, sich bei Gefahr für die Gruppe einheitlich zu verhalten. Ihre Individualität verschwindet plötzlich mit der Gefahr, dann gibt es nur mehr die soziale Gans. Was mag hier an psychologischen Faktoren wirken, damit sie ihre Individualität so entschlossen beiseiteschieben können?

Der psychologische Mechanismus, der diesen Phasenübergang ermöglicht, ist in der Forschung derzeit noch nicht bekannt, aber es scheint eine weitere Eigenschaft zu sein, für die selektiert wurde, um das Überleben des Individuums und damit auch der Gruppe zu fördern.

Angesichts von Klima- und Biodiversitätskrise könnte uns das Verhalten der Gänse zu denken geben: In welchen Fällen sind wir Menschen bereit, unsere Individualität zu vernachlässigen – zum Wohle unserer Gruppe oder Art? Wie viel von unserer Sicherheit, unseren Annehmlichkeiten würden wir aufgeben zum Wohle anderer Arten?

Besonders gut gefällt mir Darwins letzter Absatz in „Die Entstehung der Arten“, in dem er beschreibt, wie natürliche Kräfte zu einem erstaunlichen Geflecht von Interaktionen zwischen den Arten und auch den Eigenschaften von Arten führen können: „Es ist anziehend, eine dicht bewachsene Uferstrecke zu betrachten, bedeckt mit blühenden Pflanzen vielerlei Art, mit singenden Vögeln in den Büschen, mit schwärmenden Insekten in der Luft, mit kriechenden Würmern im feuchten Boden, und sich dabei zu überlegen, dass alle diese künstlich gebauten Lebensformen, so abweichend unter sich und in einer so komplizierten Weise voneinander abhängig, durch Gesetze hervorgebracht sind, welche noch fort und fort um uns wirken.“

Wenn das verworrene Geflecht der Interaktionen zwischen den Arten eine mächtige Kraft in der Natur ist, dann sind wir Menschen es auch.

7. Angeboren oder erlernt? Über Prägung, Handaufzucht und elterliche Fürsorge

Sybille Kalas war eine enge Mitarbeiterin von Konrad Lorenz – und eine Gänsemutter, das heißt, dass sie Gänse von Hand aufzog. Einer der Ganter, eine etwas kleiner als die Graugänse gewachsene Blässgans (*Anser albifrons*) namens Sindbad, war damals erst kürzlich verwitwet und entwickelte eine starke Bindung zu Sybille. Das war ein kleines Ärgernis, denn Sybille wiederum war frisch verliebt in ihren zukünftigen Ehemann Klaus. Sindbad aber sorgte regelmäßig dafür, dass er zwischen den beiden stand.

Als Sybille dann eines Tages mit handaufzuziehenden Gösseln auftauchte, blieb Sindbad noch hartnäckiger an ihrer Seite als zuvor. Er folgte ihr und den Gösseln auf Schritt und Tritt. Auch als es an der Zeit war, die Jungvögel zum Fliegen zu ermutigen, war Sindbad zur Stelle. Sybille war mit den Jungvögeln die sechs Kilometer von der Forschungsstelle zum Almsee gegangen. Als die jungen Gänse „fluglustig" wurden, wie sie schreibt, versteckte sich Sybille in der Vegetation. Die Jungvögel kreisten höher und höher, riefen – und das war Sindbads großer Moment: Er erhob sich in den Himmel, rief ihnen zu und führte sie auf dem Flugweg zurück nach Hause zur Forschungsstelle.

Im nächsten Jahr zog Sybille eine weitere Gruppe von Gösseln auf, und Sindbad war wieder Teil der Familie. Wie im Jahr zuvor war er es, der dafür sorgte, dass die Jungvögel die Flugrouten im Tal kennenlernten. Er hatte ein wachsames Auge auf sie. Eines Tages war Sybille auf einer Bergtour im Toten Gebirge unterwegs. Nach einem schrecklichen Albtraum wachte sie schweißgebadet auf: Sie hatte geträumt, Sindbad sei gestorben.

Konrad Lorenz und seine enge Mitarbeiterin Sybille Kalas.

Als sie am nächsten Tag nach Hause kamen, wurde genau das bestätigt. Die Gänse waren in der Nacht wohl von einem Fuchs aufgeschreckt worden, in der Aufregung war Sindbad gegen einen Zaun gekracht und hatte sich das Genick gebrochen.

Sybille nannte eine ihrer Gänsetöchter Sinda, zu Ehren Sindbads. Sindbad war ein guter Stiefvater für Sinda gewesen. Und Sinda hatte später zusammen mit ihrem Partner Blasius ein langes und gutes Leben.

Solche Geschichten bestätigen die Macht der Verbundenheit zwischen den Gänsen und den Menschen hier bei uns an der Forschungsstelle. Wir leben hier schließlich über Jahre recht eng zusammen.

Warum ziehen wir eigentlich weiterhin Gössel von Hand auf? Diese Frage stellt man uns besonders häufig. Dafür gibt es drei Hauptgründe: erstens, um neue genetische Elemente in die

Schar einzuführen; zweitens, um eine Schar zur Verfügung zu haben, die an die Anwesenheit von Menschen gewöhnt sein soll; drittens, um die artspezifischen Verhaltensweisen der Tiere aus nächster Nähe studieren zu können. Auf diese Weise können wir sowohl artspezifische als auch allgemeine biologische Einsichten gewinnen.

Durch die Handaufzucht von Gösseln aus fremden Eiern erhalten wir die Variabilität der Population. Um diese genetische Vielfalt zu erzielen, holen wir zum Beispiel Eier von Golfplätzen oder öffentlichen Badestellen, wo brütende Gänse samt ihren Eiern unerwünscht sind. Handaufgezogene Gänse sind darüber hinaus dem Menschen gegenüber zutraulich. Nähert sich ein Mensch einer handaufgezogenen Gans, bleibt diese ruhig und sorgt mit ihrem Vorbild dafür, dass auch der Rest der Schar nicht in Panik gerät, wenn wir Menschen uns ihnen nähern, um sie zu beobachten. Durch diese Stimmungsübertragung halten diese ruhigen Gänse auch den Rest der Schar ruhig.

Schließlich setzen wir mit der Handaufzucht auch die Tradition von Konrad Lorenz fort, der entdeckte, dass einige Komponenten des Gänseverhaltens artspezifisch sind – und somit nicht negativ von der Handaufzucht beeinflusst. Sepp und Kolleg*innen verglichen das Schicksal von 330 handaufgezogenen und 631 wilden Gänsen in der Schar, und es gab in Bezug auf die Anzahl der Partner, den Paarungserfolg oder die Anzahl der gelegten Eier keine Unterschiede. Dies macht unsere handaufgezogenen Graugänse ideal für die Untersuchung ihrer Ontogenese, so nennen wir die Entwicklung eines Individuums im Fachjargon.

Diese Entwicklung beginnt natürlich schon vor dem Schlupf, nicht nur aus biologischer, sondern auch aus verhaltensbiologischer Sicht: Wir haben etwa herausgefunden, dass sich die Gehirne von Zebrafinkenembryos im Ei aufgrund geringerer Neuronenaktivität asymmetrisch entwickelten, wenn sie ihre

Eltern nie rufen hörten. Außerdem bei den Prachtstaffelvögeln reagierten sie vor dem Schlüpfen auf unterschiedliche Rufe von unterschiedlichen Weibchen mit einem veränderten Herzschlag. Diese Unterscheidungsfähigkeit – dass sie sich an die Mutter gewöhnen und dann überrascht sind, wenn ein unbekannter Ruf kommt – kann als die früheste Form von Lernen und Stimulusunterscheidung aufgefasst werden.

Auch die Graugans verfügt über eine Reihe angeborener Verhaltensweisen, die unabhängig von ihrer Herkunft – ob handaufgezogen oder wild – ausgeprägt sind. Diese Veranlagungen können sich durch Interaktionen mit der Umwelt oder durch soziale Erfahrungen verändern – oder auch nicht. Einer der einflussreichsten Gedanken von Konrad Lorenz war, dass die Untersuchung solcher Verhaltensmerkmale ebenso viel Aufschluss über die Evolutionsgeschichte geben kann wie morphologische, also körperliche Merkmale.

Auf Wunsch seines Vaters begann Lorenz 1922 mit dem Studium der Humanmedizin – eigentlich hätte er lieber Zoologie und Paläontologie studiert. Und ebenfalls auf Wunsch des Vaters tat er dies an der Columbia University in New York City, er kehrte aber nach wenigen Monaten nach Österreich zurück und setzte das Studium 1923 an der Universität Wien fort. Bei dem Anatomen Ferdinand Hochstetter widmete er sich der Vergleichenden Anatomie und Vergleichenden Embryologie. Er lernte auch vom deutschen Zoologen Oskar Heinroth, der ebenfalls zu dem Schluss gekommen war, dass die Entwicklungsmuster einzelner Arten Aufschluss über ihre evolutionäre Herkunft geben können, und gemeinsam mit seiner Frau Magdalena Heinroth Wegbereiter der „Ethologie“ in Europa war. Lorenz war begeistert von der Idee, wonach es möglich sei, die Methoden der Vergleichenden Anatomie und Embryologie unmittelbar auf die Untersuchung des Verhaltens von Tieren anzuwenden.

Vom Eierrollen …

Nachdem er in seiner frühen Kindheit selbst die Prägung eines Entenkükens miterlebt hatte und später eine enge Bindung mit der Gans Martina einging, bemerkte Lorenz, dass mehrere Verhaltenskomponenten bei allen Gänsen gleich waren. Seine berühmt gewordene Beobachtung des „Eierrollens" der Gänse etwa inspirierte Lorenz' Instinkttheorie. An diesem Beispiel stellte Lorenz fest, dass eine „Instinkthandlung" durch einen Reiz ausgelöst wird und so lange andauert, bis die Verhaltenssequenz abgeschlossen ist. Im Fachjargon bezeichnen wir so eine Handlung fast immer mit dem englischen Begriff „Fixed Action Pattern".

Kullert nämlich ein Ei aus dem Nest, rollt die brütende Gans das Ei mit ihrem Schnabel wieder an den ihm zugedachten Platz zurück. Um seine Hypothese, wonach das Eierrollverhalten angeboren sei, zu testen, unterbrach Lorenz eine Gans beim Eierrollen, indem er einfach das Ei entfernte. Die Gans führte dennoch die gesamte Bewegung des Eierrollens aus, als hätte sie es mit einem unsichtbaren Ei zu tun – was Lorenz' Annahme stützte, dass das Verhalten eine vollständige Instinktsequenz war, die durch einen Reiz ausgelöst worden war. Diese Erkenntnis, dass bestimmte Verhaltensmerkmale stammesspezifisch sein können, spornt uns an, nach dem Vorhandensein oder Fehlen von Verhaltensmerkmalen im phylogenetischen (also: entwicklungsgeschichtlichen) Baum zu suchen. So können wir uns die Evolutionsgeschichte des Verhaltens ansehen.

In Verbindung mit seiner Studie zur Prägung dokumentierte Lorenz die Verallgemeinerbarkeit des Prägungsprozesses – Lorenz hat die Prägung zwar nicht entdeckt, aber seine Arbeit wurde zur grundlegenden Beschreibung des Phänomens. Der Prägungsprozess, bei dem ein frisch geschlüpftes Küken ein starkes Bindungsverhalten zu dem ersten Individuum zeigt, das es sieht – sei es ein Artgenosse oder eine andere Spezies –, ist der Ausgangspunkt für eine intensive Beziehung zwischen der elterlichen Betreuung und dem Jungtier. Die Responsivität zwischen dem Elternteil und dem Nachwuchs ist ein weiterer Schlüsselfaktor für die Entwicklung des Nachwuchses, nachdem dieser sich entschieden hat, auf wen er seine Aufmerksamkeit richten wird, d. h. auf wen es geprägt wird. In diesem Sinne sind der „Vivi"-Ruf und die „Gang-gang"-Antwort zwischen dem Gänseküken und seiner Betreuerin von höchster Bedeutung, um die Qualität der Beziehung und auch das psychologische Wohlbefinden des sich entwickelnden Gänseküken zu bestimmen. Erinnern Sie sich an die Gänseküken, denen die mütterliche Reaktion vorenthalten wurde? Die Abwesenheit von Reaktionsfähigkeit bei einer sehr sozialen Spezies ist fast ein Todesurteil. Es bedeutet, dass man allein ist, ohne Verbündete, ungeschützt. Und in der fragilen Phase der Entwicklung ist das Aufwachsen ohne ein „ansprechbares Gegenüber" ein Faktor, der zu psychischen Fehlfunktionen beiträgt.

... und der Handaufzucht

Im April 2022 reisten Sepp und Dido nach Italien, um vierzehn Eier aus drei Nestern auf einem Golfplatz zu bergen. Wir wollten die Eier in Grünau ausbrüten und die Gössel hier aufziehen, als Blutauffrischung für die angestammte Population. Alle freuten sich auf die neuen Familienmitglieder. Die beiden Gänsemütter, Barbara Steininger und Johanna Kniely, saßen tagelang in gespannter Erwartung vor dem Inkubator im Laborraum unseres neuen Gebäudes; im Jahr davor war die Forschungsstelle aus dem historischen Auingerhof aus- und in einen modernen Bau nahe dem Eingang des Cumberland-Wildparks umgezogen.

Jedes Ei war mit einer Nummer versehen, und wir warteten darauf, dass die ersten Gössel schlüpfen würden: A1 bis A5, B1 bis B4, und C1 bis C5. Den Prozess des Schlüpfens kann man sich folgendermaßen vorstellen: Die kleinen Vögel „sitzen" vor dem Schlupf im Ei, mit den Füßen über ihrem Kopf. Wenn die Zeit gekommen ist, ritzen sie das Ei mit dem Schnabel auf, ganz so, als würden Sie Ihr Frühstücksei köpfen – allerdings von innen. Dann stoßen die Jungvögel die Schale nach oben mit den Füßen weg. Was nach einer kurzen Episode klingt, kann Stunden dauern.

Barbaras Gruppe schlüpfte zuerst und sie wechselte mit den Gänseküken in den Auingerhof, wo sie die ersten Wochen blieb. Draußen war es immer noch eiskalt, es herrschten Regen und Schnee. Barbara und ihre Gössel schliefen auf einer Matte am Boden, und die Jungvögel wurden gelegentlich von einer Infrarotlampe gewärmt. Das Bild von Lorenz mit der Gans auf seinem Arm, aufgenommen auf der Bank vor dem Auingerhof, stand in der Ecke des Zimmers. Barbara ging jeden Tag mit ihren Gänseküken spazieren, beobachtete sie beim Schwimmen, rief sie und antwortete auf ihr „Vivi". Johannas C-Familie schlüpfte bald darauf; die A-Gruppe dann erst viel später. Es war aufregend für mich, den Prägungsprozess und die Bindung zwischen Ziehmutter und Gösseln so hautnah mitzuerleben.

Ein paar Wochen vergingen und die Gänsemütter zogen mit ihren Familien nach Oberganslbach. Wie bei der Elternschaft menschlicher Kinder ist auch das Gösselaufziehen eine Herausforderung, die einem vor Augen führt, wie weit man bereit ist, das Ausleben der eigenen Individualität zugunsten des Nachwuchses hintanzustellen. So beschreibt Kurt Kotrschal seine Erfahrungen mit der Handaufzucht: „Meine Tage waren im Wesentlichen dadurch bestimmt, dass ich zwei Stunden lang kurze Wegstrecken zurücklegte, dann eine Stunde Pause machte und dann wieder weiterzog. Unterwegs las ich ‚Science' und ‚Nature' (an den seltenen Tagen, an denen es nicht regnete oder schneite) und unterhielt mich 12 bis 14 Stunden täglich mit den Gänseküken „Gang-gang". Versuche, mit ihnen über Wissenschaft zu diskutieren, scheiterten kläglich." Neben dem Schlafmangel und den konstanten

Oben: Gänsemutter Barbara Steininger wandert mit ihrer Familie entlang des Almflusses von der Aufzuchthütte in Obergansbach zum Auingerhof. Dort lernen die Gössel die Umgebung und andere Graugänse kennen.

Mitte: Gänsemutter Johanna Kniely beobachtet ihre Gössel in Oberganslbach. Alle Gössel rufen „Vivi", was von Mensch oder erwachsener Graugans mit „Gang-gang" als Kontaktruf beantwortet wird.

Unten: Eine der drei Handaufzuchthütten bei Oberganslbach, in denen Gänseltern und ihre Gänsefamilien drei Monate lang zusammenleben. Die Hütten haben kein fließendes Wasser, es gibt einen tragbaren Kocher, und die Gänseltern haben jede Nacht Gänseküken in ihren Schlafsäcken warmzuhalten.

Links: Zwei eine Woche alte Gänseküken, die von Hand aufgezogen werden. Sie benötigen die Wärme einer Decke oder eines Pullovers und die Nähe ihrer Gänsemutter, da es im April eisig kalt sein kann.

Rechts: Eierschalen der B-Gruppe, die im Inkubator im Labor der 2021 gebauten neuen KLF-Forschungsstelle aufgezogen wurden. Die Eier wurden auf einem Golfplatz in Italien eingesammelt, wo sie sonst zerstört worden wären.

Anforderungen, ununterbrochen auf die Gänseküken zu reagieren und den Elementen ausgesetzt zu sein, mussten einige Gänseeltern brutale Schwanangriffe abwehren und dabei ihre eigene Gesundheit riskieren. Es ist schwierig, Gänseeltern zu sein.
Barbara und Johanna jedenfalls lebten für mehrere Monate jeweils in einer winzigen Holzhütte, ohne fließendes Wasser, ohne Toilette. Vor der Tür der Fluss Alm, in der Hütte ein Gasherd, den wir zur Verfügung stellten. Die Gössel schliefen mit ihren Ziehmüttern in deren Schlafsäcken, maximal etwa vier Stunden am Stück. Und sie kackten ausgiebig. Barbara und Johanna dabei zuzusehen, wie sie sich während eines Gesprächs lässig den Kot vom Leib schnippen, ist ein Anblick, den ich nicht so schnell vergessen werde.

Täglich nahmen wir die Rufe der kleinen Gössel auf, und wir führten auch eine Reihe von Persönlichkeitstests durch. Wir testeten ihren Mut und ihre Erkundungslust in einer neuen Umgebung, beobachteten sie beim Wachsen, lernten, wem sie ihre Aufmerksamkeit schenkten. Wichtig ist dabei, auf das Verhalten der anderen in der Schar zu achten. Schon 2011 haben wir herausgefunden, dass das Blickfolgen, im Englischen „gaze following“, eine große Rolle spielt. Es handelt sich dabei um eine kognitive Fähigkeit, dem Blick eines Artgenossen in die Tiefe des Raumes zu folgen und Informationen darüber zu gewinnen, was der Artgenosse sieht. Insbesondere Nestflüchter – zu denen ja auch die Graugänse gehören – lernen auf diese Weise, wann, woher und von wem Gefahr droht.

In diesem Jahr der Handaufzucht hatte sich eine Gruppe von vier Australiern freiwillig gemeldet, um Verhaltensdaten zu sammeln und außerdem die Gänsemütter per Fahrrad mit Mahlzeiten zu versorgen. Wir haben das Verhalten der Tiere per App aufgezeichnet und dabei eine Methode verwendet, die „Focal Sampling“ heißt. Eine Person nutzt die App, um das Verhalten einer Gans zehn Minuten lang kontinuierlich zu dokumentieren, einschließlich aller sozialen Interaktionen und der Zeit, die sie mit Ruhen, Fressen und Bewegen verbringt, wessen Nähe sie sucht und mit wem sie sich streitet. Folgenden Schluss konnten wir aus unserer Beobachtung ziehen: Der Gruppenzusammenhalt ist überlebenswichtig und er entsteht durch responsive, also antwortende, Eltern. Gleichzeitig – und hier geraten wieder Freiheit und Sicherheit in Konflikt – müssen die Gössel auch Selbstständigkeit lernen, in verschiedensten Situationen zurechtkommen und nicht immer die gleichen Futterplätze aufsuchen.

Warum Verhaltensforschung nicht im Labor betrieben wird

2022 war ein besonders nasser und stürmischer Frühling. In manchen Nächten hätte ich persönlich Angst gehabt, in den kleinen Holzhütten zu bleiben, weil es so heftig gewittert und geblitzt hat. Nach einigen Monaten waren die Gössel dann aber so weit und unternahmen ihre ersten Flüge. Sie kannten natürlich ihre Gänsemütter gut, aber auch die vier australischen Freiwilligen. Als drei von ihnen, Leon, Matt und Caelan, eines Abends spazieren gingen, sahen sie Floki, eines der handaufgezogenen Gänseküken der Gruppe A, über sich fliegen und riefen ihr zu. Floki freute sich, jemanden zu sehen, den sie kannte, flog in einer geraden Linie herunter, war aber so unerfahren, dass sie direkt in die drei hineingeflogen wäre, wenn sie nicht zur Seite gesprungen wären. Nichtsdestotrotz: Das Gefühl, eine Verbindung zu einem frei fliegenden Tier zu haben, das einem vertraut, das einen wiedererkennt, berührt das Herz.

Lorenz beschrieb eine ähnliche Szene, als er, an der Donau spazierend, seinen am Himmel fliegenden Gänserich Martin an einer fehlenden Handschwinge erkannte. Dem Tier fehlte eine der äußeren kräftigen und stabilen Federn an einem Flügel, wodurch es leicht identifizierbar war: „Ich staune zutiefst, dass es möglich war, mit einem frei lebenden Vogel in so vertrauten Verkehr zu treten, und ich empfinde diese Tatsache als etwas seltsam Beglückendes, so, als sei durch sie ein kleiner Teil der Vertreibung aus dem Paradiese rückgängig gemacht worden.“

In den 1950ern wurde Lorenz zu einer Vortragsreise an Universitäten in den USA eingeladen, da sein Fachwissen über die mütterliche Bindung bekannt war. Dies war die Ära der Behavioristen in den USA. Diese Gruppe von Verhaltensforschenden war der Meinung, alles sei erlernt; ein Tier habe – ähnlich einem Automaten – keine Gefühle und lasse sich auf alles Mögliche konditionieren.

In den USA erlangte Lorenz Ansehen und führte hitzige Debatten mit Daniel Lehrman, einem Verhaltensphysiologen. Lehrman kritisierte Lorenz’ Instinkttheorie mit der Begründung, dass sie die Untersuchung der Wechselwirkungen zwischen

Organismus und Umwelt bei der Ausprägung eines Merkmals einschränke. Die Debatte führte zu einer schonungslosen Überprüfung der Kernkonzepte der Verhaltensforschung und brachte das Feld wirklich voran.

Am wichtigsten war Lorenz und seinen Mitstreitern Nikolaas Tinbergen und Karl von Frisch, die als Trio ja auch 1973 den Nobelpreis erhielten, dabei stets, die Tiere *auch* in freier Wildbahn zu studieren – eine Tradition, die später die eine Generation jüngere Schimpansenforscherin und Umweltschutzikone Jane Goodall fortführte. Dieser Ansatz stand in krassem Gegensatz zu der Art und Weise, wie die meisten Forschungen der Behavioristen in den USA zu dieser Zeit durchgeführt wurden, nämlich ausschließlich in Labors mit Modellsystemen wie Ratten und Tauben. Auch wir arbeiten an der Konrad Lorenz Forschungsstelle mit in Volieren gehaltenen Vögeln, und zwar mit Kolkraben. Die Experimente werden nicht in einem Labor, sondern in Trainingsabteilen ihrer Gehege durchgeführt. Dabei achten wir streng darauf und tragen die Verantwortung dafür, dass die Tiere möglichst ihr natürliches Verhalten – etwa auch was ihr Sozialleben und die Partnerwahl betrifft – beibehalten können.

Die Forschung an diesen bereits in der Voliere aufgewachsenen Kolkraben geht stets Hand in Hand mit ihren frei fliegenden Artgenossen – so wie wir bei den Gänsen die handaufgezogenen Tiere im Vergleich mit den frei lebenden erforschen können. Die Behavioristen hingegen setzten ihre Versuchstiere in einem Labor experimentellen Designs aus, um zu testen, ob eine bestimmte Tierart unter bestimmten Bedingungen bestimmte Fähigkeiten hat. Doch das unterscheidet sich stark von dem, was in der Lebensrealität der Tiere vorgeht – und was mich in meiner Forschung am meisten interessiert: zu verstehen, wozu die Tiere in ihrem Lebensraum selektiert werden, wohin die evolutionäre Entwicklung sie treibt.

Stellen Sie sich vor, Sie versuchen, einem Fisch so etwas Absurdes wie Fahrradfahren beizubringen und kommen zu dem Schluss, er sei dumm, weil ihm das einfach nicht gelingt. Auf diese Weise lässt sich keine Wissenschaft betreiben. Dank Lorenz stellen wir jetzt (hoffentlich) artspezifische Fragen in einem relevanten Kontext, der sich aus dem Alltag der Tiere in ihrem jeweiligen Lebensraum ergibt. Um beim Fischbeispiel zu bleiben: Ist das Tier wärmeempfindlich, bevor es ablaicht? Und wie häufig legen die Weibchen ihre Eier so ab, dass andere Fischeltern sie hüten? Diese Fragestellungen können uns auch dabei helfen, Maßnahmen zu entwickeln, um die wertvolle, aber derzeit stark gefährdete Artenvielfalt zu erhalten.

Denn für das Verhalten eines Individuums relevant sind nicht nur die angeborenen oder erlernten Fähigkeiten, sondern stets auch die zur Verfügung stehenden Ressourcen, inklusive sozialer Ressourcen. Gerade, wenn es um Fortpflanzungsstrategien geht: Bei den Graugänsen sind es die Weibchen, die bestimmen, wie viele Eier sie legen. Und es sind andere weibliche Gänse, die sogenanntes „Egg Dumping“ betreiben, um die hohen Kosten der Brutpflege nicht selbst tragen zu müssen: Sie legen – praktisch wie ein Kuckuck, aber innerhalb derselben Art – eigene Eier in fremden Nestern ab und lassen sie von den Artgenossinnen ausbrüten und aufziehen.

Die in der Aufzucht erfolgreichen Weibchen sind in der Gruppe bekannt und werden zum bevorzugten Ziel für dieses „Egg Dumping“. Vielleicht ist das ein weiterer Grund, warum Mütter und Töchter dazu neigen, Zeit miteinander zu verbringen, sich auch räumlich nahe zu bleiben und denselben Nestbautraditionen zu folgen? Auf diese Weise könnte das Ablegen von Eiern durch Töchter in die Nester ihrer erfahreneren Mütter durch Verwandtenselektion begünstigt werden – und indirekt ihre Fitness verbessern.

Was die Pestwurz mit sozialem Lernen zu tun hat

Zu Fragen wie dieser forschen wir nach wie vor in Grünau, manchmal auch mittels Experimenten. Diese Versuche sollen möglichst integriert sein in den Alltag unserer an Menschen gewöhnten Wildtiere. Und auch die Fragestellungen selbst sollen sich bereits daraus ergeben. Wann ein artspezifisches Verhalten im entwicklungsgeschichtlichen Stammbaum zum ersten Mal auftritt, darüber kann uns *jedenfalls* nur die Beobachtung im Freiland Aufschluss geben. Überprüft werden kann sie dann mittels eines an die Lebensrealität der Tiere angepassten Experiments.

So machte im Jahr 2000 der damalige Graugans-Doktorand Johannes Fritz, heute Leiter des Waldrapp-Teams, eine Reihe von bemerkenswerten Beobachtungen. Er sah, wie sich bei den Gänsen eine neue Tradition der Nahrungssuche verbreitete: Immer mehr Individuen begannen, die Stängel der Pestwurz (*Petasites hybridus*) zu kauen. Da sich dieses Verhalten innerhalb der Familien besonders schnell verbreitete, schien soziales Lernen im Spiel zu sein.

Fritz' Team entwarf folgendes Experiment: Die Gänse mussten den Deckel einer Schachtel öffnen, um an eine Futterbelohnung zu gelangen. Das Ergebnis: Sie waren nur dann erfolgreich, wenn sie zuvor ein anderes Individuum bei der Vorführung der Aufgabe beobachten konnten. Das war ein Beleg dafür, dass die Tiere zu sozialem Lernen imstande sind. Bei Graugänsen begünstigt also die Beobachtung eines erfahrenen Modells das Erlernen einer bestimmten Aufgabe. Vielleicht verbreitete sich diese Tradition des Stängelkauens einer neuen Pflanzenart aus diesem Grund so schnell unter den Familienmitgliedern.

Noch eine bemerkenswerte Erkenntnis dieses Versuchs: Das Individuum, das die Lösung des Rätsels vorzeigte, war nicht etwa eine andere, schon erfahrene Gans, sondern ein den Tieren bekannter Mensch. Das gibt uns einen Hinweis darauf, dass es sich bei der Fähigkeit der Gössel nicht einfach um „soziale Imitation“ handelt, sondern sogar um das sogenannte „Stimulus-Enhancement“. Wilde Gössel achten besonders darauf, was die Eltern den lieben langen Tag mit ihren Schnäbeln manipulieren – der Schnabel ist für sie ein Stimulus. Bei den handaufgezogenen Gösseln sind es die Finger einer menschlichen Hand, die beispielsweise auf eine bestimmte Stelle am Boden tippen, um den Tieren zu zeigen, dass da Futter liegt. Das übertrug sich im Experiment: Diejenigen Gössel, die den Mensch beim Auf-die-Schachtel-Tippen beobachtet hatten, beschäftigten sich länger damit, sie zu öffnen. Sie schienen zu wissen, dass ihnen dieser Stimulus „Finger“ irgendetwas zeigen wollte.

Der letzte gemeinsame Vorfahre von Mensch und Vogel lebte vor etwa 310 Millionen Jahren. In der Evolutionsbiologie geht es uns um „Bausteine“ im großen Stammbaum des Verhaltens, die uns helfen, zu bestimmen, wo in diesem Stammbaum der Evolution eine Tierart steht. Zu diesen „Bausteinen“ zählen etwa das zuvor erwähnte Blickfolgen, kognitive Fähigkeiten wie die (in Kapitel 5 beschriebene) transitive Inferenz, soziales Lernen und Stimulus-Enhancement genauso wie die Fähigkeit, Gesichter zu unterscheiden, oder die Fähigkeit zu „habituieren“, also einen Reiz ignorieren zu lernen. Und nur deshalb, weil wir mit handaufgezogenen, an Menschen gewöhnten Gösseln Verhaltensexperimente machen können, wissen wir: Gänsen sind all diese Fähigkeiten angeboren.

Zum Glück konzentrieren wir uns heute in der Forschung nicht mehr darauf, welche Fähigkeit auf „nature“ (angeboren) oder „nurture“ (erlernt) zurückzuführen ist. Beide Theorien waren im vergangenen Jahrhundert zu ausschließlich. Nicht alles kann antrainiert werden, aber es gibt sehr wohl eine Modifizierung der Fähigkeiten im Laufe von Lebensstadien, ob geprägt durch die Mutter oder andere Artgenossen. Der Vorgang des Lernens findet laufend statt, doch die Fähigkeit zu lernen ist angeboren.

Die Gänse scheinen ihre Fähigkeiten gut für sich nutzen zu können, denn ihre Zahl steigt. Ihre soziale Intelligenz, die sie bei Gefahr zusammenstehen lässt, ihre starken, belastbaren Familienbande und ihre große Bandbreite an unterschiedlichen Charakteren scheint ihren momentanen evolutionären Höhenflug zu bedingen. So kann die Graugans auch ein Symbol für die Artenvielfalt sein: ein bisher unterschätzter Pflanzenfresser, als „dumm" oder „Schnattergans" verunglimpft, der doch vif genug ist, friedfertig und unter veränderten Lebensbedingungen – verbaute Flussufer, veränderte klimatische Bedingungen – improvisierend seine Chance zu nutzen.

Die Gans kann darüber hinaus als ein – uns mittlerweile vertrautes – Modelltier für andere, uns nicht so vertraute Wildtierarten fungieren, etwa, indem wir an ihr erprobte Untersuchungsmethoden bei anderen Tierarten anwenden. Oder indem wir an ihr erkennen, wie sehr wir Menschen dazu fähig sind, uns emotional an andere Spezies zu binden.

Wissenschaftliche Entdeckungen wie die Veränderung der „Vivi"-Rufe in die „Gang-gang"-Rufe und die Individualität dieser Rufe sind nur möglich, weil wir die Entwicklung der Gänse so genau beobachten können. Auch, weil die Gänse es zulassen, dass wir sie so genau beobachten. Ohne Handaufzucht sähe das ganz anders aus. Denn von Menschen aufgezogene Tiere sind natürlich weniger gestresst, wenn sie mit uns zu tun haben, allerdings sind sie auch weniger vorsichtig. „Wilde" Gössel wären nie derart kooperativ, sondern würden eine Panikattacke bekommen! Der intensive Menschenkontakt hat allerdings auch Nachteile: Handaufgezogene Gänse können in Gefahrensituationen weniger auf familiäre Unterstützung zählen und haben deshalb eine niedrigere Lebenserwartung. Wir Menschen müssen also noch an unseren Qualitäten als Gänseeltern arbeiten.

Von den insgesamt 55 Gösseln, die im Jahr 2022 geschlüpft sind, überlebten nur zehn bis zum Alter von einem Jahr, darunter vier der elf handaufgezogenen (von 13 Eiern) und sechs der 44 gansaufgezogenen Gössel (von 160 Eiern). Die unter menschlicher Obhut aufgezogenen Tiere Boris, Floki, Amelie und Pistazie etwa gedeihen prächtig und sind gut in die Gruppe integriert. Meine Kollegin Dido glaubt, dass Boris (der Nachwuchs von „Gänsemutter" Barbara) und Amelie (aus dem von Johanna betreuten Nachwuchs) sich im nächsten Jahr paaren werden. Sie dürften einander besonders mögen.

8. Das Geheimnis einer guten Partnerschaft

Graugänse seien monogam, heißt es oft. Einmal verpartnert, bleiben sie ihr Leben lang zusammen. Doch: „Wenn man in unseren Protokollen, die auf genauesten Beobachtungen beruhen, nach einem solchen perfekten Idealfall sucht, findet man keinen!", berichtet Lorenz 1988. „In jeder Einzelbiographie tauchen ‚Schönheitsfehler' auf." Er habe seine Kollegin Helga Mamblona-Fischer einmal gebeten, in den Gänseprotokollen nach jenen Zweierbeziehungen zu suchen, die in puncto „Paarbildung und Paarzusammenhalt wenigstens einigermaßen dem von Heinroth aufgestellten ‚Typus' entsprechen". Doch solche Idealtypen schienen kaum auf: „[Ich] zeigte mich über deren außerordentlich geringe Anzahl offensichtlich enttäuscht, was Helga zu dem klassischen Ausspruch veranlasste: ‚Gänse sind schließlich auch nur Menschen.'" Die Monogamie, ein Mythos? Nicht ganz.

Timber und Murphy zum Beispiel waren ein Traumpaar. Sie hatten eine enge Bindung und waren neunzehn Jahre lang exklusiv zusammen, bis zu Timbers Tod. Murphy starb im März 2022, sodass ich ihn noch kennenlernen konnte. In den ersten Monaten nach meiner Ankunft an der Forschungsstelle sah ich, wie meine Kollegin Dido mit einem Eimer Futter zur Futterstation ging und Murphy dicht dahinter folgte. Ich fragte Dido: „Wer ist das?" Und sie strahlte: „Das ist Murphy! Er ist mein Freund. Wir kennen uns schon lange."

Als ich Murphy 2018 zum ersten Mal traf, war er gerade erst verwitwet. Er hatte ein markantes Gesicht mit einem weichen orangefarbenen Augenring und einer Reihe weißer Federn direkt über dem Schnabel, die an einen etwas unordentlichen Schnurrbart erinnerten. Sein Schnabel war überwiegend orange und hatte eine rosa Spitze. Timbers Gesicht war ganz anders als das von

Murphy, was ich anhand von Fotos im Archiv der Forschungsstelle feststellen konnte. Timber hatte ein glattes Gesicht mit hellgrauen Wangen, einem kleinen weißen Strich zwischen den Augen, einem rosafarbenen Augenring und einem rosafarbenen Schnabel, der zu einer orangefarbenen Schnabellinie führte. Als ich Murphy als Witwer kennenlernte, wirkte er lethargisch und, nun ja, deprimiert. Er bewegte sich langsamer, war mehr an der Peripherie, und seine Wangen wirkten schlaff.

Gut dreißig Jahre nach Lorenz würde ich es also nun so formulieren: Die Monogamie unter Gänsen ist kein Mythos, aber doch ein seltener Einzelfall. Für diesen interessieren wir Wissenschaftler*innen uns natürlich besonders, denn vielleicht können wir von Timber und Murphy etwas lernen. Warum hat gerade ihre Partnerschaft so gut funktioniert? War es die Art, wie sie miteinander kommunizierten, miteinander umgingen? Hat ihr Aussehen etwas damit zu tun oder lag es vielleicht an genetischen Faktoren? Sind gute Partner in irgendeiner Weise „synchron" miteinander?

Vögel sind ein gutes System, um die Qualität der Paarbindung zu untersuchen, denn: Das befruchtete Ei wird gelegt und der Embryo entwickelt sich extern. So können sowohl das Männchen als auch das Weibchen bereits von einem sehr frühen Stadium an eine aktive Rolle in der elterlichen Fürsorge einnehmen.

Wenn Männchen *und* Weibchen über einen verhältnismäßig langen Zeitraum in die elterliche Fürsorge investieren, sollten sie bei der Wahl ihrer Partner aus evolutionärer Sicht durchaus wählerisch sein. Auswahlkriterien könnten für Männchen und Weibchen etwa Indikatoren für die Gesundheit sein, beispielsweise die Symmetrie der Körperform, oder Indikatoren für die Fortpflanzungsfähigkeit. Aus unserer Langzeitstudie an Gänsen liegen uns Informationen über das Schicksal jedes gelegten Eies vor, sodass wir in der Lage sind, die Fortpflanzung und den Fortpflanzungserfolg zu untersuchen – und daraus eben auch Auswahlkriterien abzuleiten.

Das erfolgreichste Grünauer Paar

Das Ausbrüten von Eiern ist energetisch aufwendig, genauso wie die „Kosten“ für die Produktion der Eier selbst, die die Weibchen unausweichlich zu tragen haben. Sie brauchen deshalb in der Saison des Legens und Brütens sehr viel Nahrung. Wenn Sie schon einmal das Wort „hangry“ gehört haben, dann nehmen Sie sich vor einer weiblichen Gans während der Brutzeit in Acht: Im Englischen wird damit eine Kombination aus hungrig und wütend beschrieben, die recht treffend die Gemütslage der Tiere in dieser Phase beschreibt.

Timber brütete immer in einer Bruthütte inmitten eines Teiches am Oberganslbach und war praktisch immer sehr hungrig. Murphy hielt am gegenüberliegenden Flussufer Wache, sah dabei aus wie eine Statue und graste, wenn er konnte. Plötzlich tauchte Timber aus der Hütte auf, stieß einen Distanzruf aus und flog auf Murphy zu. Er antwortete. Anstatt sozial zu reagieren, streckte Timber ihren Kopf sogleich zum Boden und graste ungestüm drauflos. Murphy war an ihrer Seite, den Kopf in wachsamer Haltung erhoben, und Timber vertilgte weiter rasch mehr Futter. Als Timber zum Brüten in die Hütte zurückkehrte, nahm Murphy stoisch seine Position auf der anderen Seite des Flussufers wieder ein.

Nach 27 Tagen waren die ersten „Vivi“-Rufe aus den Eiern zu hören, und Timber wusste zweifellos, was jetzt passieren würde. Sie war eine erfahrene Mutter. Am nächsten Tag, als alle Gössel geschlüpft waren, sprangen die neuen Familienmitglieder vom Steg der Bruthütte und landeten wie Korken auf dem Wasser, schwammen zum Flussufer und wanderten alle zusammen mit Timber und Murphy fünf Kilometer bis zum Auingerhof. Dort würden sie die nächsten Monate als Familie verbringen. Von diesem ersten Tag an hielt Murphy erneut gut Wache. Er und Timber reagierten auf die Rufe der Gössel, sprachen sich aber auch gegenseitig häufig über Kontaktrufe an.

Murphy interessierte sich also nicht nur für seinen Nachwuchs, er interessierte sich auch für Timber. Wenn die beiden getrennt waren, vor allem in der Vorbrutzeit, ließen sie einander aufgeregte Distanzrufe zukommen. Oft brach Murphy in eine Triumphzeremonie aus, bei der er zunächst ein anderes zufällig in der Nähe weilendes Männchen verjagte und dann mit ausgebreiteten Flügeln und lauten Rufen um Timber herumlief. Die Zeremonie endete damit, dass Timber und Murphy ihre Hälse in einer synchronen, wippenden Bewegung zueinander senkten und den Hals zum Gruß ausstreckten.

In einem so engen Familienverband wuchsen viele der Gössel behütet auf und überlebten. In der Regel blieben die Töchter mit ihren neuen Familien in der Nähe ihrer Eltern, und die Söhne zogen weiter weg und gründeten ihre eigenen Familien. Timber war bei den anderen Weibchen der Schar hoch angesehen. Vielleicht entschieden sich aus diesem Grund recht viele jüngere Weibchen dafür, ihre Eier in Timbers Nest zu legen. So konnten sie sich ihrer guten elterlichen Qualitäten versichern, die das Überleben ihrer Nachkommen verbessern würden.

Und Timbers Nest wurde auch immer wieder Ziel für das bereits erwähnte „Egg Dumping" durch unerfahrene Weibchen. Manchmal legten auch Timbers eigene Töchter Eier ins großmütterliche Nest. Timber und Murphy brachten gemeinsam 126 Eier hervor und acht Eier von anderen Weibchen gelangten in ihr Nest. Fünfzehn ihrer Gössel erreichten das Gänse-Erwachsenenalter von zwei Jahren bzw. wurden auch noch älter. Damit halten sie in Grünau den Rekord der vergangenen fünfzig Jahre.

Überlegen wir vielleicht einmal, wie es bei uns Menschen mit der Paarbindung aussieht: Bei Männern nimmt die Fähigkeit, Kinder zu zeugen, mit dem Alter ab. Bei Frauen ist die Fähigkeit nach der Menopause gar nicht mehr vorhanden. Man könnte also annehmen, dass Männer und Frauen Merkmale, die auf eine hohe Geburtenzahl hindeuten, stark bevorzugen – um rasch möglichst

Oben: Murphy gibt für seine Partnerin Timber einen „Triumphschrei" von sich, vor den Augen ihrer Nachkommen. Die beiden sind ein gutes Beispiel für eine starke Partnerschaft. Sie sind sehr aufmerksam und kümmern sich nicht nur um ihre Gössel, sondern auch umeinander.

Mitte: Murphy mit seinen Gösseln auf Futtersuche. Junge Gössel sind sehr wachsam, wenn es darum geht, wo und was die Eltern fressen.

Unten: Timber und Murphy verteidigen ihre Familie mit der typischen nach vorne gebeugten Halshaltung, die anderen Gänsen anzeigt, dass sie sich vor den beiden jetzt besser in Acht nehmen sollten.

viele Nachkommen in die Welt zu setzen, weil die Zeugungs- bzw. Gebärfähigkeit bald abnimmt oder ganz wegfällt. Dem würden die Werbebotschaften entsprechen, mit denen wir in unserer modernen Welt bombardiert werden: dass wir nämlich in ein Fitnessstudio gehen und auf eine bestimmte Art und Weise aussehen müssen – vor allem fitter und jünger.

Eine der ersten Studien, die sich mit der Frage beschäftigte, worauf Männer und Frauen bei der Partnerauswahl wirklich achten, wurde 1989 von dem Psychologieprofessor David Buss systematisch durchgeführt. Er fragte bei 10.000 Menschen aus 33 Ländern jeweils 18 Merkmale ab, die bei der Partnerwahl als besonders wichtig oder wünschenswert gelten. Die Ergebnisse könnten Sie überraschen: Auf Buss' Rangliste steht „gutes Aussehen" in den Antworten der Männer auf Platz 10, in jenen der Frauen gar erst auf Platz 13.

Auf Platz 1 hingegen lag die „gegenseitige Anziehungskraft", auf Platz 2 ein „verlässlicher Charakter" und auf Platz 3 „emotionale Stabilität und Reife". Diese drei Top-Präferenzen waren bei Männern und Frauen gleich! Das bringt mich auf Fragen betreffend die gegenseitige Anziehungskraft. Wie können wir die besser verstehen? Und was können wir von Gänsen über die Ursachen dieser Anziehungskraft lernen? Gegensätze ziehen sich an, heißt es in einer Redewendung. Gibt es eine evolutionäre Grundlage dafür? Welche Mechanismen sind denkbar, um die gegenseitige Anziehung zu erklären? Wie das Sprichwort schon sagt: „Schönheit liegt im Auge des Betrachters." Vielleicht haben Graugänse Gesichtszüge, wie etwa besonders symmetrische Schnäbel, die andere für ausgesprochen attraktiv halten. Möglicherweise ist das Innere der Graugänse viel wichtiger als die äußere Erscheinung. Wählen Graugänse einander aufgrund einer bestimmten Hormonkonzentration oder eines bestimmten Mikrobioms aus? Und dann ist da noch das Verhalten wie die körperliche Nähe, die vielleicht der wichtigste Faktor in der Liebe ist. Wir haben uns jeden dieser Faktoren bei den Graugänsen angeschaut.

Faktor I: Symmetrie – und was sie über die Immunabwehr aussagt

Der Pfau (*Pavo cristatus*) ist bekannt für seinen extravaganten Auftritt. Das Männchen sieht man oft mit seinem aufgeschlagenen, schimmernden Schwanz herumstolzieren, der am Ende jeder Feder, insgesamt mehr als hundert, einen farbigen Punkt trägt. Wenn Sie genau hinsehen, werden Sie feststellen, dass diese Punkte symmetrisch angeordnet sind. Als wäre das nicht schon fantastisch genug, kommt es noch erstaunlicher: Wenn Sie experimentell nämlich auch nur fünf der hundert Farbflecken entfernen – im Versuch wurden fünf der „Augen" am Ende der Federn einfach abgeschnitten –, wird das Männchen für ein wählerisches Weibchen unattraktiv. Warum bloß? Nun, es hat sich herausgestellt, dass Pfauenmännchen mit weniger symmetrischen Pfauenrädern im Durchschnitt auch einen größeren Parasitenbefall aufweisen. Vielleicht sind die Weibchen also auf ein Merkmal eingestellt, das eine gute Gesundheit und Resistenz gegen Parasiten signalisiert?

Wenn Weibchen und Männchen so selektioniert sind, dass sie Partner bevorzugen und attraktiv finden, die über Eigenschaften verfügen, die ihren Nachkommen Fitnessvorteile verschaffen, wie könnten sie diese Vorteile dann erkennen? Beim Pfau eben offenbar visuell, durch die Körpersymmetrie. Und bei anderen Arten? Vielleicht auch durch olfaktorische Hinweise, wie einen bevorzugten Geruch?

Ein Fitnessvorteil ist zum Beispiel eine stabile Immunabwehr. Auf genetischer Ebene kodieren die MHC-Gene für die Proteine der Immunabwehr. MHC ist die englische Abkürzung für eine Gruppe von Genen, die den sogenannten Hauptgewebeverträglichkeitskomplex bilden. Im Allgemeinen haben zwei Erwachsene mit unterschiedlichen MHC-Genen Nachkommen mit einer noch größeren Vielfalt an MHC-Genen, was sich positiv auf die Immunfunktion dieser Nachkommen auswirkt. Es wäre also von Vorteil,

Individuen mit anderen MHC-Genen als den eigenen zu erkennen und sich bevorzugt mit ihnen zu paaren. In diesem Fall sollten sich Gegensätze, ganz dem Sprichwort gemäß, anziehen. Aber wie bewerkstelligen sie das?

Der Schweizer Biologe Claus Wedekind und sein Team führten eine berühmte Studie durch, die 1995 veröffentlicht wurde. Der Untersuchungsgegenstand: verschwitzte T-Shirts. Das Forscherteam sammelte DNA-Proben von 49 weiblichen und 44 männlichen Studierenden im Durchschnittsalter von 25, die an unterschiedlichen Studiengängen der Universität Bern eingeschrieben waren, sich also höchstwahrscheinlich nicht kannten, und bestimmte ihre MHC-Gene. Die Männer wurden dann gebeten, Sonntag- und Montagnacht Baumwoll-T-Shirts zu tragen und kein Deo zu verwenden.

Am Dienstag wurden die T-Shirts eingesammelt und den Frauen vorgelegt. Jede Frau wurde gebeten, sechs T-Shirts nach Intensität, Annehmlichkeit und Sexiness zu bewerten – je drei davon stammten von Männern mit ihren eigenen ähnlichen MHC-Genen, drei von Männern mit unterschiedlichen MHC-Genen. Selbstverständlich wussten die Frauen nicht, welches T-Shirt von wem stammte. Die Frauen zeigten eine Präferenz, die damit zusammenhing, ob sie die Antibabypille einnahmen oder nicht: Frauen, die keine Pille nahmen, bevorzugten Männer mit anderen MHC-Genen als ihren eigenen, und Frauen, die mit Pille verhüteten, bevorzugten Männer mit ähnlichen MHC-Genen. Möchten Sie also Nachwuchs mit guter Immunabwehr, scheint es sinnvoll, Ihre Partnerwahl zu treffen, wenn Sie nicht die Pille nehmen!

Ob auch Gänse einen Geruchssinn haben, darüber sind wir uns (noch) nicht sicher, in jedem Fall aber verfügen sie über ein ausgezeichnetes Sehvermögen. Und wir wissen aus einer Reihe von Studien, dass die MHC-Vielfalt und die Immunkompetenzreaktion mit der Symmetrie korrelieren könnte. Für unsere Gänse stellt sich also nicht so sehr die Frage nach dem Geruch der Partner, sondern ob Tiere, die gut als Paare funktionieren, symmetrische Gesichter haben.

Um das zu testen, war uns wiederum unser automatisches Gesichtserkennungsprogramm eine große Hilfe. Wir nahmen Bilder des linken und rechten Profils jeder Gans auf. Und tatsächlich fanden wir zwei Dinge heraus: Erstens ist bei Paaren mit symmetrischen Gesichtern die Wahrscheinlichkeit größer, dass sie mehr Nachkommen zeugen als Paare, bei denen ein oder beide Partner ein asymmetrisches Gesicht haben.

Zweitens fragten wir uns: Von den 122 Gänsen, die sich zum gegebenen Zeitpunkt in der Schar befanden, waren 80 verpaart und 42 Singles. Von diesen unverpaarten Single-Gänsen waren zwanzig älter als zwei Jahre und galten somit als erwachsen. Woran liegt es, dass diese Tiere in der Liebe erfolglos sind? Wir haben uns ihre Gesichter angesehen und siehe da, die alleinstehenden Vögel weisen ebenfalls eine größere Gesichtsasymmetrie auf. Ein symmetrisches Gesicht hingegen bedeutet, dass die betreffenden Tiere in jungen Jahren, während ihres Wachstums, Parasiten oder andere Stressfaktoren erfolgreich überstanden haben. Das trifft übrigens auch auf uns Menschen zu! Solche Individuen verfügen vermutlich über ein gestärktes Immunsystem. Die in der Liebe glücklosen Vögel wiederum signalisieren womöglich mit ihrem Aussehen, dass sie genetisch nicht auf der Höhe sind, weil sie nicht die genetischen Voraussetzungen hatten, um mit den Widrigkeiten umzugehen.

Ein Gesicht erzählt also auch immer eine Geschichte darüber, was das jeweilige Individuum durchgemacht hat.

Mithilfe unserer Gesichtserkennungssoftware untersuchten wir übrigens auch die Gesichter von Timber und Murphy – beide waren symmetrisch. Diese neue Untersuchungsmethode eröffnet auch einen neuen Forschungszweig, auf den ich sehr gespannt bin: die Erforschung, welche Rolle visuelle Hinweise für die genetische Kompatibilität spielen, mit der Gans als Modellsystem.

Faktor 2: Physiologischer Einklang bei Hormonen und Herzschlag

Einmal gepaart und das war's? Bei Weitem nicht. Hormonelle Synchronität ist, soweit wir wissen, ein weiterer Teil des Puzzles für eine erfolgreiche Partnerschaft. Dabei geht es aber nicht um eine Momentaufnahme, sondern um einen längeren Zeitraum.

Schon 1999 haben wir uns an der Forschungsstelle angeschaut, wie die Testosteronlevels von verpaarten Gänsen korrelieren, also sich entweder wenig oder stark voneinander unterscheiden. Auch hier war der Fortpflanzungserfolg unsere Orientierungsgröße. Ein ganzes Jahr lang wurden von 23 Gänsepaaren wöchentlich Kotproben genommen. Sie brachten folgende Erkenntnisse: Paare, die während der Brutsaison gemeinsam ein aktives Nest, also ein Nest mit einem befruchteten Ei, hatten, zeigten auch eine signifikant höhere Korrelation ihrer Testosteronspiegel. Je höher diese Korrelation war, desto größer waren die Gelege und desto schwerer die Eier. Einen Zusammenhang mit der Dauer der Partnerschaft, dem Alter der Tiere oder dem Altersunterschied zwischen den Tieren fanden wir dabei nicht. Aber auf die Beziehungsqualität und entsprechend den Fortpflanzungserfolg lässt sich daraus aus unserer Sicht sehr wohl schließen.

Ganter Iwan zum Beispiel hatte zwar ein symmetrisches Gesicht, wies aber dafür einen anderen Makel auf: Er war eben nicht hormonell synchron mit seinen Partnerinnen – er war ein Casanova! Ich sage nur: Acht Partnerinnen, dabei nur einen überlebenden Nachkommen mit seinen fünfundzwanzig Jahren und überhaupt keine Nachkommen mit Lestate, seiner letzten Partnerin; auch sie wurde stolze dreiundzwanzig Jahre alt.

Iwan hatte also einen recht geringen Fortpflanzungserfolg, und Lestate hatte gar keinen Fortpflanzungserfolg. Oft denkt man bei biologischer Fitness an Erfolg und konzentriert sich auf gute Nachrichten – in den Fällen von Iwan und Lestate etwa auf das

Iwan, Lestate und Gössel. Obwohl sowohl Iwan als auch Lestate ein hohes Alter erreichten, war ihre Partnerschaft nicht stark und Lestate hat keine überlebenden Nachkommen gezeugt. Iwan hatte erst später einen Nachkommen mit einem anderen Weibchen.

hohe Alter, das die beiden Tiere erreicht haben. Aber der Weg zum Erfolg ist die Überwindung von Herausforderungen verschiedenster Art. Ein metaphorischer Vergleich: Es spielt keine Rolle, ob Sie alles Gold der Welt besitzen, wenn es durch eine Flut ausgelöscht wird. Sie werden mit nichts dastehen. Wohingegen derjenige, der nur ein einziges Goldstück besitzt, aber damit eine Schutzmauer gegen die Flut errichtet, auf lange Sicht erfolgreicher sein wird. Und wenn dessen Nachkommen wiederum auch Eigenschaften haben, die ihnen helfen, der nächsten Bedrohung zu entkommen, kann ihnen das vielleicht sogar zu weiteren Vorteilen verhelfen.

Timber und Murphy waren im Unterschied zu Iwan und Lestate hormonell synchron und sehr erfolgreich. Ja, sie erfüllten arbeitsteilig unterschiedliche Aufgaben, das Weibchen brütet, das Männchen ist wachsam. Aber ihre Herzfrequenz reagierte ähnlich auf eine wahrgenommene Bedrohung oder einen Anlass zur Sorge

– ebenfalls ein Hinweis auf gute Partnerschaft. Bei guten Partnern steigt die Herzfrequenz besonders stark an, wenn der Partner bedroht wird.

Faktor 3: Mikrobiom

Vom Mikrobiom habe ich kurz schon in Kapitel 2 erzählt. Mikrobiome sind mikroskopisch kleine Lebensgemeinschaften von Bakterien und anderen Mikroorganismen, die in und auf uns Menschen, auf den Gänsen und auch auf allen anderen Tieren leben. Ein solches Mikrobiom ist im Darm, auf der Haut und im Mund zu finden.

Wir forschen dazu gerade intensiv. Eine laufende Studie gibt uns zum Beispiel Hinweise darauf, dass sich der „Beziehungsstatus" einer Graugans auf die Zusammensetzung ihres Mikrobioms im Darm auswirkt. Die jeweilige Vielfältigkeit dieses Mikrobioms, also der Faktor, aus wie vielen verschiedenen Mikroorganismen es sich zusammensetzt, war bei den Single-Gänsen niedriger als bei den verpaarten Gänsen. Wobei es in unserer Studie keinen Unterschied machte, ob diese Paare dann Nachwuchs haben oder nicht.

Bereits aus Experimenten mit Finken wissen wir, dass die Unterschiede bzw. Ähnlichkeiten im Mikrobiom verschiedener Individuen auch von der Nahrung bestimmt sind. Naheliegend wäre, dass Familien, die sich üblicherweise in räumlicher Nähe zueinander befinden und sich gegenseitig wohl auch beim Erschließen einer Futterquelle unterstützen, an das gleiche Futter gelangen.

Und wie verhält es sich beim Menschen? Neue Forschungsergebnisse zeigen, dass sich unser Mikrobiom mit zunehmendem Alter verändert. Unser Mikrobiom verändert sich mit unserem physiologischen Zustand, aber es trägt auch zum Alterungsprozess selbst bei. Das Mikrobiom gilt heute als Biomarker für die Unterschiede zwischen chronologischem und biologischem Alter, oder wir können sagen, als Marker für gesundes und ungesundes Altern.

Eine gute Nachricht, ähnlich dem Befund bei Darwins Finken: Auf die Ernährung kommt es an. So wird die Verzögerung des altersbedingten Rückgangs des Mikrobioms durch eine gesunde Ernährung stark unterstützt. Und auch die Haltung von Haustieren kann Ihr Mikrobiom stärken. Abgesehen von den geistigen und körperlichen Vorteilen, die Haustiere ihren Besitzern bieten, kann der Kontakt mit tierischen Mikroben auch die menschliche Gesundheit fördern, was derzeit Gegenstand von Studien ist.

Faktor 4: Nähe

Womit wir beim nächsten Faktor wären: der räumlichen Nähe, die bei Gänsen große Bedeutung hat. Sie kuscheln zwar nicht gerne, mögen es aber, wenn ihre Liebsten nur einen Steinwurf entfernt sind – so unsere Beobachtung bisher, wissenschaftlich untersucht hatte das Isabella Scheiber. Und jetzt Mariia Klymenko.

Mariia ist eine Veterinärmedizinerin aus der Ukraine, ich habe sie als Studierende der Verhaltensbiologie 2021 in einem Seminar zur „Mensch-Tier-Beziehung“ kennengelernt, das ich an der Uni Wien hielt. Unsere Forschungsstelle ist für Menschen aus der ganzen Welt von Interesse, selbst nach der Covid-Pandemie hatten wir Mitarbeiter*innen und Studierende aus 22 Nationen bei uns – aber wenige kamen direkt aus einem Kriegsgebiet zu uns, noch dazu aus einem, das in unserer unmittelbaren Nachbarschaft liegt.

Im Sommer 2023 kam also Mariia wieder zu uns ins Almtal, um an ihrer Masterarbeit in Verhaltensbiologie zu arbeiten. Sie hat dafür ihr eigenes Forschungskonzept entworfen, das die Qualität der Paarbindung bei Gänsen untersucht. Mir macht Mariia – neben ihrer durchdachten Forschungsarbeit – auch noch bewusst, wie nahe wir immer wieder mit Menschen zusammenleben, die mit einer völlig anderen Lebensrealität konfrontiert sind, als sie für uns hier im Frieden vorstellbar wäre.

Mariia erzählte mir an einem Julimorgen, dass das Nachbardorf ihrer Heimatgemeinde, die etwa zehn Kilometer von der russischen Grenze entfernt liegt, zwei Nächte zuvor schwer bombardiert worden war, wobei viele Menschen verletzt und zwei getötet wurden. Sprach's und ging los, um – wohl auch zur eigenen Ablenkung – die Gänse zu beobachten. Sie hat den Traum, ihren Master in Vergleichender Verhaltensforschung und Kognitionsbiologie abzuschließen und diese Kenntnisse mit in die Ukraine zu nehmen, um dort ein ähnliches Programm mitzugestalten.

Während ihrer Gänsebeobachtungen hat Mariia nun Folgendes entdeckt: Sie hat Focal Samples – darunter verstehen wir alle Verhaltens- und sozialen Interaktionen eines Individuums über einen bestimmten Zeitraum hinweg – mit Scan Samples kombiniert, also mit der Anzahl an Verhaltensweisen aller vorhandenen Tiere pro Kategorie, die zu einem bestimmten Zeitpunkt auftreten. Mariia konnte auf diese Weise das Verhalten innerhalb von Paaren bewerten. Sie notierte einerseits, wenn ein Partner einen Kontaktruf abgab und der andere Partner antwortete oder nicht. Sie notierte andererseits aber auch, ob sich ein Partner entfernte und der andere ihm folgte oder nicht. Anhand der Scanproben dokumentierte sie die Nähe bzw. Entfernung der anderen Gänse. Die gemessenen Parameter unterschieden sich erheblich zwischen den Paaren: Einige Gänsepaare wiesen eine sehr hohe Responsivität und enge räumliche Nähe auf, andere hingegen nicht. Könnte das etwas mit der Qualität der Paarbeziehung zu tun haben?

Leia und Ballantine zum Beispiel waren kommunikativ, reagierten aufeinander und standen sich – wortwörtlich – nahe. Tumnus und Kokosnuss hingegen nicht. Wenn Tumnus weiterging, folgte Kokosnuss nicht. Nach einem Konflikt unterstützte Tumnus ihren Partner nicht, und als Kokosnuss wegging, folgte Tumnus ihm nicht. In der Auswertung von Mariias Daten bemerkten wir: Die Paare, die sich in unmittelbarer Nähe zueinander

Olga und Besenstiel in nächster Nähe zueinander, ein Zeichen für starke soziale Zugehörigkeit. Dieses Paar verbringt nicht nur viel Zeit nahe beieinander, sondern kommuniziert auch häufig über Kontakt- und Distanzrufe und zeigt ein gegenseitiges Führen und Folgen.

aufhielten und auf die Rufe und das Bewegungsverhalten des jeweils anderen reagierten, waren auch diejenigen, die die meisten überlebenden Gössel hatten.

Wir können uns also vorstellen, dass die Qualität der Paarbindung nicht nur gut für Physiologie und Mikrobiom, sondern auch für die biologische Fitness ist. Und umgekehrt können wir anhand unserer jahrelangen Forschung belegen, dass es jedenfalls genetische, physiologische, symbiotische und Verhaltensmerkmale gibt, die eine gute Partnerschaft ausmachen. Und ich sage Ihnen, es gibt da wohl noch mehr solcher Faktoren. Ein Geheimrezept für erfolgreiche Partnerschaften können uns also auch die Gänse nicht liefern. Mit Gewissheit können wir nur sagen: Beziehungen sind und bleiben kompliziert. Bei den Gänsen wie bei uns Menschen.

9. Was macht eine Influencer-Gans aus?

Am Ende jeden Tages läuft eine bemerkenswerte Energiewelle durch die Gänse, eine Welle, die im Flug gipfelt! Dieses Spektakel erweckt immer meine Aufmerksamkeit. Man hört ein paar Gänse rufen und mit den Flügeln schlagen, und man kann Kopfschütteln ausmachen. Aber dann beruhigt sich alles wieder. Eine weitere Welle von Rufen, Flügelschlagen und Kopfschütteln, und dann wieder Ruhe – aber die Köpfe und Hälse sind aufrechter. Wie ein Mosaik aus Klangwolken rufen die einzelnen Gänse von verschiedenen Stellen auf der Wiese und bis hinunter zu dem Ufer des Almflusses. Langsam stellen sich alle Gänse mit dem Gesicht in Richtung Wildpark oder Almsee auf. Irgendetwas wird gleich passieren. Man kann es spüren.

Kopfschütteln und diesmal lautere, pulsierende Rekrutierungsrufe, eine gleichmäßige Abfolge von „Tschok tschok tschok", gefolgt von individuell unterschiedlichen Abflugrufen, wie „Tchewii", „Karunk" oder „Gagru". Zunehmende Intensität des Kopfschüttelns von einer Seite zur anderen und gesteigerte Aufregung. Immer mehr Rekrutierungsrufe, die sich in ihrer Rhythmik und Häufigkeit potenzieren. „Tschok tschock tschok" und Abflugrufe, zunächst unkoordiniert. Schließlich wird der Abflugruf einer Gans von mehreren anderen beantwortet. Irgendein unsichtbarer Faden muss die Tiere verbinden, denn obwohl sie nicht nebeneinander stehen, sondern über die Wiese vor dem Auingerhof verstreut sind, ist es genau DIESE Ruf- und Antwortgemeinschaft von zehn bis zwanzig Gänsen, die plötzlich auffliegt und sich gemeinsam von der Gruppe entfernt. Jeden Abend fliegen viele Gänsegruppen mit mehr oder weniger Individuen ab. Dies ist das abendliche Ritual der Gänse vor dem Auingerhof – das dort übrigens manchmal auch nach dem Frühstück stattfindet.

Das Interessante daran: Die Teilgruppen, die sich da aus der großen Schar herauslösen, sind immer unterschiedlich zusammengesetzt. Aber diejenigen, die die Aufbruchstimmung in Gang bringen und zum Abflug rufen, sind überraschend oft dieselben Tiere.

Ich habe mir nach jahrelanger Beobachtung dieses Verhaltens etwas herausgenommen: Ich habe begonnen, die erfolgreichen Leiter von Teilgruppenbewegungen als „Influencer-Gänse" zu bezeichnen. Wer ist heutzutage ein Influencer? Ein Influencer ist ein Meinungsführer, meistens mit starker Präsenz in den sozialen Netzwerken und einer möglichst großen Schar an Followern. Als ich den Begriff „Influencer" zum ersten Mal im Zusammenhang mit den Gänsen vorschlug, zuckte meine Familie zusammen. Und vielleicht geht es Ihnen genauso. Denn in unserer Gesellschaft ist dieser Begriff nicht immer positiv besetzt. Viele fühlen sich durch den scheinbar schnellen Zugang der Influencer zu Ruhm und Geld ohne „harte Arbeit" betrogen. Und doch ziehen die Influencer Follower an und erzeugen eine Nachfrage nach bestimmten Ideen und Vorgehensweisen.

Könnte es derartige einflussreiche Persönlichkeiten also tatsächlich auch unter den Gänsen geben?

Wir haben mit einer systematischen Studie begonnen, um herauszufinden, wer vor einem erfolgreichen Abflug – definiert als Flug mit mindestens einem Follower – zuerst rief und wer folgte. Zur möglichen Bestimmung von Influencer-Gänsen ziehen wir fürs Erste ausschließlich diese Abflug-Events heran; möglicherweise werden andere charakteristische Situationen noch folgen. Veronika Weinhäupl und Eva-Maria Körmer sammelten jedenfalls die verschiedenen Ruftypen der Gänse beim Aufbruch, und zusammen mit Dina Mostafa notierten wir, welche Gänse zusammen wegflogen. In einigen Fällen wurde eine Gans von einer anderen Gans verfolgt. In anderen Fällen wurde eine Gans von zehn bis zwanzig anderen Gänsen begleitet. Gab es ein Muster bei diesen Gruppenbewegungen? Ließen sich Leittiere, also Influencer, und „Follower“, identifizieren? Und wenn ja, welche Merkmale wiesen sie auf?

Eine der aufregendsten neuen technologischen Errungenschaften für die Erforschung der Tierkommunikation ist die akustische Kamera. Sie wurde zuerst in der Autoindustrie eingesetzt, um die Quelle eines Störgeräuschs in einem Motor zu lokalisieren, und jetzt verwenden wir sie, um die Kommunikation unserer Gänse zu untersuchen. Mit der akustischen Kamera ist es möglich, sowohl ein Video des Verhaltens aufzunehmen als auch zu SEHEN, wann eine Gans ruft. Das funktioniert, weil die Schallwellen auf die Sensoren der Mikrofone der akustischen Kamera zeitversetzt auftreffen. Ein Computerprogramm berechnet anhand dieser winzigen Zeitunterschiede die exakte Position der Schallquelle. In einer Heat-Map, einer Wärmekarte, werden dann sowohl der Ort als auch die Art des Rufs angezeigt.

Wenn Sie auf diese Heat-Map klicken, die sich als Kreis um den Schnabel der rufenden Gans formt, erhalten Sie Zugriff auf die vollständigen Spektraleigenschaften des Rufs, einschließlich der akustischen Höchst- und Mindestfrequenz dieses Rufs. Dies öffnet eine neue Forschungswelt in Bezug auf das Rufverhalten. Zum Beispiel: Wer hat zuerst gerufen, wer hat geantwortet? Es ist uns nun möglich, beantwortbare Fragen zum Rufverhalten zu stellen, weil wir sehen können, wie es sich in Echtzeit und im aktuellen sozialen Kontext entfaltet. Stimmen die Gänse ihre Rufe aufeinander ab? Wenn Sie einem Gänseschwarm zuhören, könnten Sie in Versuchung kommen, zu glauben, dass die Lautäußerungen der Tiere unorganisiert sind. Aber bisher haben wir noch nie festgestellt, dass sich Distanzrufe einer Gans mit denen einer anderen Gans überschnitten – nicht einmal, wenn sie gemeinsam losfliegen. Sie warten, bis sie an der Reihe sind! Wie höflich.

Da die Gänse individuell unterschiedliche Rufe haben, können wir nach einem bestimmten Ruf eines beliebigen Individuums suchen und den Kontext überprüfen, in dem diese Gans

Links: Ballantine folgt den anderen Gänsen als Letzter in der Reihe. Er ist sehr erkundungsfreudig und offen gegenüber Neuem. Sogenannte Follower-Gänse, die auch offen für Neues sind, könnten neue Informationen und neue Traditionen verbreiten.

Rechts: Jumper, die aggressivste Graugans in der Schar und derzeit auch die ranghöchste, beim Flug mit seiner Familie. Wenn Jumper ankommt, monopolisieren er und seine Familie die Nahrungsquelle.

Unten: Leia ist eine Influencer-Gans - wenn sie ruft, folgen die anderen Graugänse. Leia ist sehr mutig, nicht aggressiv und nur mäßig aufgeschlossen gegenüber Neuem. Hohe Werte für Mut deuten auf eine hohe Risikobereitschaft gegenüber Fressfeinden hin, was für die Graugänse, die ihr folgen, ein Vorteil ist.

gerufen hat. Wir können sehen, wer zuerst gerufen hat, wer geantwortet hat, wer das Gespräch beeinflusst hat, indem er es gestartet hat. Und so beginnt also tatsächlich die Geschichte der Influencer-Gänse und ihrer Follower.

Auch wenn alle Gänse Distanzanrufe tätigen, haben nicht alle Gänse die gleiche Anzahl von Followern. Wir haben eine „Influencer-Liste" erstellt – eine Liste der Gänse mit den meisten Followern, im Durchschnitt Hunderte von Beobachtungen. Die Top-Influencer sind Leia, Joshua, Barbados und Triton. Zwei Männchen und zwei Weibchen, jedes aus einer anderen Familie. Im Durchschnitt haben sie jeweils zehn Follower pro Flug-Event. Andere wie Edes, Fritz und Kolibri haben lediglich ein bis zwei Follower.

Die Follower sind nicht nur Familienmitglieder. Wenn Leia ruft, folgen ihr in der Regel ihr Partner und der gemeinsame Nachwuchs, aber auch Dorothea und ihr Partner und deren Nachwuchs sowie mehrere Singletons. Was macht eine Influencer-Gans aus? Und was macht eine Follower-Gans aus?

Jedes Tier ist unterschiedlich: die fünf Persönlichkeitsachsen

Um das herauszufinden, haben wir an der Konrad Lorenz Forschungsstelle etwas begonnen, was für Laien vielleicht überflüssig erscheinen mag: Wir haben uns angeschaut, welche Persönlichkeit die jeweiligen Gänse haben. Und ja, die haben sie! Ihre individuellen Eigenschaften lassen sich sogar messen.

Die Persönlichkeit von Tieren ist mittlerweile gründlich erforscht. „Persönlichkeit" ist dabei ein verkürzter Begriff für individuelle Unterschiede im Charakter oder, wissenschaftlicher ausgedrückt, im Reaktionsprofil eines Tieres auf einen äußeren Einfluss. Also etwa: Wie reagiert Pistazie auf einen neuen, ihr unbekannten Gegenstand in ihrer Umgebung – sie ist diesem gegenüber sehr skeptisch! Damit man dabei wirklich von „Persönlichkeit“ und nicht etwa von einem Verhaltensmerkmal sprechen kann, muss das Reaktionsprofil – wie die Angst vor dem unbekannten Gegenstand – in verschiedenen Situationen und über einen längeren Zeitraum hinweg bei diesem speziellen Individuum immer wieder nachweisbar sein.

In den vergangenen zwanzig Jahren hat sich die Forschung darauf geeinigt, dass es bei Tieren fünf Hauptpersönlichkeitsachsen gibt. Sie können als Mut, Aggressivität, Erkundungsverhalten, Aktivität und Soziabilität gemessen werden. Und wir haben Experimente, um jede dieser Achsen zu testen: Mut wird im Zusammenhang mit der Bedrohung durch Fressfeinde gemessen, Aggressivität wird als agonistisches Verhalten gegenüber einem Artgenossen festgestellt. Die Erkundung wird als Verhalten angegeben, das auf Neues in einer neuen Umgebung oder auf ein neues Objekt gerichtet ist. Aktivität wird als die Anzahl der Bewegungen in einem bestimmten Zeitrahmen gemessen und Soziabilität wird als die Nähe und Duldsamkeit gegenüber Artgenossen ermittelt.

Wir haben an der Forschungsstelle mit neuen Mutexperimenten begonnen. Bei unseren Gänsen haben wir den Mut mit einer standardisierten Methode gemessen, der sogenannten Fluchtdistanz. Dies ist die Distanz, die eine Gans von einem sich nähernden, unbekannten potenziellen Fressfeind, einschließlich eines Menschen, einnimmt. Eine Möglichkeit, dies zu messen, ist die folgende – wir setzen dafür jeden willigen Gast und Studierende ein, die den Gänsen unbekannt sind: Ein unbekannter Mensch beginnt in einer Entfernung von zehn Meter von einer Gans und geht einen Schritt pro Sekunde. Die beobachtende Person notiert dann die Distanz des Menschen, bevor sich die Gans fortbewegt. Eine mutige Gans toleriert die Annäherung eines Menschen bis auf etwa einen Meter, während eine scheue Gans vielleicht schon auf fünf Meter wegfliegt. Wir haben dies zahlreiche Male und über Jahre hinweg getestet und bei unseren Gänsen konsistente

Unterschiede in Bezug auf ihren Mut festgestellt. Einige tolerieren die Annäherung von Menschen bis auf wenige Meter, während andere viel früher wegfliegen.

Als nächstes haben wir die Aggressivität getestet. In diesem Fall haben wir das Verhalten vor Spiegeln sowie Drohungen und Bisse zwischen Artgenossen untersucht. Die Gänse erkennen sich selbst nicht in einem Spiegel – das hatten wir bereits zuvor herausgefunden. So hatten wir die Möglichkeit, ihre Reaktion auf einen unbekannten Vogel mit der gleichen Körpergröße mit einem Spiegeltest zu prüfen. Wir stuften eine Gans als sehr aggressiv ein, wenn sie fauchte und ihr Spiegelbild angriff, aber sie erhielt eine niedrige Aggressionsbewertung, wenn sie kurz in den Spiegel blickte, sich dann schnell entfernte und in eine andere Richtung lief. Unsere Ergebnisse für den Spiegeltest sind über die Jahre hinweg ziemlich beständig.

Unsere Gänse sind durch die Farbringe individuell unterscheidbar, sodass diese Population eine einzigartige Gelegenheit bietet, agonistische, also feindselige, Interaktionen zwischen den Mitgliedern der Schar zu messen, einschließlich vollständiger Informationen darüber, wer das agonistische Verhalten an den Tag gelegt hat und wem gegenüber dieses Verhalten gezeigt wurde. Attackieren unsere aggressiven Gänse, die so stark auf den Spiegel reagieren, auch ihre Artgenossen? Ja, das tun sie. So greifen beispielsweise Jumper, Jafar und Allegra den Spiegel eher an, Erdbeere, Lazlo und Hedwig hingegen nicht. Das deckt sich auch mit anderen Beobachtungen dieser Individuen: Bei unseren Fütterungsbeobachtungen war Jumper zum Beispiel die bei Weitem aggressivste Graugans. Jumper jagte eine große Anzahl von Gänsen umher und auch Allegra und Jafar zischten ihre Artgenossen an, wenn sie sich diversen Futterstellen näherten. Das taten sie überall, wo wir ihnen begegneten, beim Auingerhof, Oberganslbach oder im Cumberland-Wildpark. Wenn Graugänse in einen Kampf verwickelt waren, dann waren es oft sie. Im Gegensatz dazu hielten sich die friedfertige Erdbeere, Lazlo und Hedwig am Rande der Gruppe auf und gingen Konflikten aus dem Weg. Sie waren nur selten in Kämpfe mit anderen Gänsen verwickelt.

Aufgrund Tausender Beobachtungen agonistischer Interaktionen zwischen den Gänsen wissen wir, dass einige Gänse sehr aggressiv sind und viel mit anderen Gänsen streiten, vor allem beim Fressen. Andere Gänse neigen hingegen gar nicht dazu, mit anderen Gruppenmitgliedern aggressiv zu interagieren. In einer Studie, die wir zusammen mit unserer Praktikantin Mara Krupka durchgeführt haben, untersuchten wir die Verteilung der Verhaltenskategorien in der Gänseschar, d. h. wie viele Gänse rasten, sich bewegen oder fressen im Verhältnis zur Anzahl der Auseinandersetzungen zwischen Gänsen.

Es überrascht vielleicht nicht, dass die Gänse in den Spitzenzeiten der Fütterung viel häufiger in agonistische Interaktionen verwickelt waren. Sehr überraschend war hingegen, dass der Zusammenhang zwischen der Anzahl der fressenden Gänse und der Anzahl der agonistischen Interaktionen nicht linear, sondern quadratisch war, d. h. er erreichte ein Plateau, in unserem Fall nach einer Gruppengröße von etwa fünfzig Gänsen. Nach dieser Zahl verzeichneten wir immer noch etwa fünfundvierzig agonistische Interaktionen pro zehn Minuten, unabhängig davon, ob die Zahl der fressenden Gänse fünfzig oder hundert betrug. Warum nahm die Zahl der agonistischen Interaktionen nicht linear zu? Das hat uns zum Nachdenken gebracht. Könnte das Dominanz-Rangsystem eine Rolle bei der Bewältigung von Kosten des Gruppenlebens spielen und insbesondere in Systemen mit aggressiven Persönlichkeitstypen von Bedeutung sein?

Was über den Rang entscheidet

In einer Dominanzhierarchie, vergleichbar einer „Hackordnung“, erhalten einige Individuen mehr Zugang zu Ressourcen als andere. Wie wir bei unseren Gänsen gesehen haben, haben verpaarte Vögel mehr soziale Verbündete, die ihnen helfen, Zugang zu Ressourcen zu erhalten. Mit dem Elo-Ranking, einem Bewertungsprogramm, das auch für Spiele wie Schach verwendet wird, haben wir eine Dominanz-Rangliste erstellt. Dazu berechnet man eine Matrix, die alle gewonnenen und verlorenen Zweikämpfe zwischen allen Mitgliedern der Schar vergleicht.

Das Ergebnis war wie folgt: Die per se aggressivsten Gänse, die wir mit dem Spiegeltest gegen einen in Größe und Verhalten identischen Gegner (weil es sich um ein Spiegelbild handelte) getestet haben, gewannen auch mehr Kämpfe mit anderen Artgenossen und waren die dominanten Gänse. Im Fall unserer Gänseschar waren das Jumper und Jafar. Die beiden gehen aus den meisten Interaktionen siegreich hervor und werden nur selten von anderen angegriffen. Im Gegensatz dazu sind die rangniedrigsten Individuen wie Natalie und Pudding vielen Angriffen ausgesetzt. Sie vermieden ihr Spiegelbild und begannen nicht viele Kämpfe, wahrscheinlich, weil sie verlieren würden. Einige Einzeltiere sind aggressiv, aber die meisten aggressiven Vögel sind ebenfalls verpaart. Ich vermute, dass Testosteron sowohl beim Gewinnen aggressiver Interaktionen als auch bei der Verteidigung des Partners und der Familie eine Rolle spielt und daher ein Anreiz zur Paarung sein könnte.

Vielleicht ist der Dominanzrang ein Mechanismus, mit dem in Gruppen lebende Tiere die Kosten des Gruppenlebens, etwa den Wettbewerb um Ressourcen wie Nahrung und Partner, abmildern und gleichzeitig seine Vorteile wie erhöhte Wachsamkeit – mehr Augen, die nach Fressfeinden Ausschau halten – maximieren. Auf jeden Fall korrelieren bei unseren Gänsen Aggressivität und

Dominanz in der Rangordnung deutlich. Man könnte nun also annehmen, dass Aggressivität, die eine Gans als Partner attraktiv macht und ein Hinweis auf ihr Ressourcenpotenzial sein könnte, auch ihren Erfolg als Influencer-Gans vorhersagt? Nein, tut sie nicht!

In der menschlichen Gesellschaft preisen wir häufig Intelligenz und Innovation. Die Innovationsfähigkeit steht in engem Zusammenhang mit der individuellen Bevorzugung der Erkundung. Wie sieht es in dieser Hinsicht mit den Gänsen aus? Bei Gänsen, die mehr auf Entdeckungstour gehen, kann man davon ausgehen, dass sie neue Gebiete und neue Vorgehensweisen ausprobieren. Wir haben unsere handaufgezogenen Gänseküken im Zuge von Experimenten in Kammern mit neuen Arealen gesetzt, um individuelle Unterschiede zu messen. Einige Gänseküken gingen in jeden Bereich der neuen Arena und waren sehr erkundungsfreudig. Andere, weniger erkundungsfreudige Gössel betraten dagegen nur einige Quadranten der zwölf möglichen Bereiche.

Mit den erwachsenen Gänsen können wir solche „Novel Arena Tests" nicht durchführen, da sie zu sehr gestresst wären und sich nicht normal verhalten würden, wenn sie von der Schar abgesondert würden. Aus anderen Studien wissen wir aber: Tiere, die ein neues Objekt meiden, also neophobes Verhalten zeigen, sind auch weniger erkundungsfreudig. Und so beschlossen wir, eine Reihe von Neophobie-Experimenten durchzuführen. Wir haben uns einige Versuchsanordnungen überlegt: zum Beispiel eine nur mit Lebensmitteln und eine andere mit Lebensmitteln und einem neuen Objekt – kleine, schräge Skulpturen aus Holzstücken und Plastikbechern, Kleiderbügeln und Zahnbürsten, die auch noch bunt bemalt waren.

Einige Gänse waren hochgradig neophob und brauchten viel länger, um sich dem Futter mit dem neuen Objekt zu nähern, andere hingegen kümmerten sich überhaupt nicht darum und

Oben: Sturmwind hetzt auf Ericsson, der ihr ausweicht. Agonistische Interaktionen - also Kämpfe, bei denen gepickt, gejagt, gedroht oder geschnappt werden kann - zwischen zwei Graugänsen um Futter und Partner sind besonders häufig unter ähnlich ranghohen Individuen.

Unten: Fritz stürzt sich auf Erdbeere, während die Gänseschar bei der Fütterung in unmittelbarer Nähe ist. Wenn eine Gans eine andere angreift, kommt es häufig vor, dass sich ein Unbeteiligter einmischt und zum Gegenangriff ansetzt und damit seine Unterstützung für das Opfer zeigt, das wahrscheinlich ein sozialer Verbündeter ist.

Kolibri ist offen für Neues, wie hier beim Betrachten einiger neuer Objekte, die in Tests verwendet wurden. Gänse, die offen für Neues sind, nähern sich zum Beispiel einem Futterbehälter mit einem neuen Objekt oder ohne.

näherten sich genauso schnell. Um herauszufinden, ob es sich dabei um ein Persönlichkeitsmerkmal handelt, haben wir die Kontroll- und Testbedingungen an verschiedenen Tagen wiederholt. Und ja, eine neophobe und daher wenig erkundungsfreudige Gans an einem Tag war auch an einem anderen Tag wenig erkundungsfreudig, sogar bei Messungen über mehrere Monate.

Bestimmt die Erkundungsbereitschaft einer Gans aber auch, ob sie ein neues Futtergebiet annimmt bzw. erschließt? Dazu etablierten wir im Versuch neue Futterstellen. Zunächst gewöhnten wir die Gänse wochenlang an eine Reihe von Holztafeln. Dann stellten wir diese Holztafeln an neue Futterplätze, an denen die Gänse in den vergangenen fünfzig Jahren noch nicht gefüttert worden waren, selbstverständlich mit zusätzlichem Futter. Das Ergebnis: Die Werte für Erkundungsbereitschaft korrelierten mit den Werten für die neue Futterstelle. Gänse, die erkundungsfreudiger waren, waren auch eher bereit, an der neuen Futterstelle zu fressen.

Mutig, offen für Neues und nur wenig aggressiv: die Merkmale von Influencer-Gänsen

Wie sieht es nun mit unseren Influencer-Gänsen aus? Welche Eigenschaften haben sie? Ich habe alle Persönlichkeitswerte verglichen und bin zu folgendem Schluss gekommen: Die Top-Influencer-Gänse haben einerseits sehr niedrige Werte für Aggressivität, andererseits verfügen sie über hohe Werte für Mut. Und sie alle weisen mittlere Werte für Neophobie und damit für Erkundungsverhalten auf. Wenn man darüber nachdenkt, ergibt das durchaus Sinn: Würden Sie einer hochaggressiven Gans folgen wollen? Ich nicht! Die Gans könnte zwar ein neues Gebiet für Sie erschließen, würde aber im Anschluss die vorhandenen Ressourcen wahrscheinlich nicht mit Ihnen teilen. Es scheint also eine gute Idee zu sein, einer nicht aggressiven Gans zu folgen, wenn man einen Teil des Kuchens abbekommen möchte.

Der große Mut der Influencer-Gänse bedeutet, dass sie wahrscheinlich eher nützlich sind, um sich gegen einen Fressfeind zu verteidigen – und genau das macht einen guten Verbündeten aus. Ihre mittelmäßig ausgeprägte Neophobie geht einher mit einem geringen Risikoverhalten. Anders ausgedrückt: Sie sind mäßig geneigt, etwas Neues zu entdecken, werden dabei aber nicht allzu viele Risiken eingehen. Diese Eigenschaften scheinen eine Influencer-Gans auszumachen. Und sie unterscheiden sich von den Eigenschaften, die eine hochrangige Gans in der Dominanzhierarchie ausmachen! Eine solche Gans setzt Aggression ein, um an Nahrungsressourcen und Partner zu gelangen. Eine Influencer-Gans hingegen ist mutig, mäßig forschend und könnte auf diese Weise an neue Informationen gelangen.

In diesem Zusammenhang stellte sich für uns die Frage: Ist es wahrscheinlicher, dass Follower neue Verhaltensweisen kopieren, wenn sie einer Influencer-Gans folgen? Unser nächster Schritt bestand nun also darin, diese experimentell ermittelten individuellen Unterschiede in verschiedenen sozialen Kontexten zu betrachten: Im sozialen Kontext spielten die individuellen Unterschiede in Bezug auf Aggression, Mut und Erkundung im sozialen Leben der Gänse auf unerwartete Weise eine Rolle. Einige Eigenschaften waren damit verbunden, eine Influencer-Gans mit vielen Anhängern zu sein, und andere Eigenschaften damit, ein hochrangiges Mitglied der Gänsegesellschaft mit Zugang zu Nahrungsressourcen zu sein.

Diese Untersuchungen laufen noch. Aber unsere bisherigen Ergebnisse zeigen, dass es bei den Gänsen zwei parallele Systeme zu geben scheint, die ich als Influencer-System und Dominanzhierarchie bezeichne. Der Dominanzrang ist bei Paaren höher, sowohl bei Männchen als auch bei Weibchen. Diese Vögel, sowohl Männchen als auch Weibchen, neigen auch dazu, aggressiver zu sein, was wir in einem anderen Kontext gemessen haben, nämlich als deren Angriff während eines Spiegeltests. Paare konkurrieren in der Regel besser und gewinnen Interaktionen gegen Singles. Die Dominanzhierarchie hat daher sowohl individuelle Komponenten wie Aggressivität als auch soziale Komponenten wie die Wahrscheinlichkeit auf einen sozialen Verbündeten und einen erfolgreichen Paarungsstatus.

Der Influencer-Wert wiederum wird durch andere Persönlichkeitsmerkmale vorhergesagt und steht in Verbindung mit der Mobilisierung von Teilgruppen in neue Gebiete, wie Futterplätze und Schlafplätze. Vielleicht handelt es sich bei dem Influencer-System um einen Informationstransfer, der das Potenzial hat, Innovation (durch die Influencer) zu schaffen und in der Folge Tradition (dank der Follower) hervorzubringen. Die Influencer bringen Gruppen in neue Gebiete, wo ihre Anhänger die neuen Informationen oder die neue Art, Dinge zu tun, vielleicht durch Mechanismen wie soziale Nachahmung und soziales Lernen vor Ort übernehmen.

Mit großer Vorsicht, aber mit einem offenen Geist, ist es verlockend, daraus folgenden Schluss zu ziehen: Vielleicht haben wir mit dieser Untersuchung einen allgemeinen biologischen Mechanismus für gleichzeitige Systeme aufgedeckt. Einerseits für die Informationsübertragung über das Influencer-System mit Anführern und Anhängern. Und auf der anderen Seite für die Ressourcenverteilung auf der Grundlage von Aggressivität und Dominanzrang, vermittelt durch die sozialen Verbündeten und die soziale Unterstützung der Tiere.

Es ist außerdem verlockend, vorzuschlagen, dass es in der menschlichen Gesellschaft auch zwei parallele Systeme geben könnte, die auf eine uralte biologische Veranlagung zurückgehen, einen biologischen Baustein, der Systeme für den Informationsfluss mit Followern auf der einen Seite und Systeme für den Zugang zu Ressourcen auf der anderen Seite begünstigt. In unserer Gesellschaft werden Influencer interessanterweise von ressourcenhungrigen Interessensgruppen vereinnahmt, die ihre Produkte im Huckepack mit dem Influencer verkaufen. Auf diese Weise treffen diese beiden parallelen Systeme aufeinander.

Schauen, was dahintersteckt

Und was ist mit den Followern? Mit ihnen kommen wir noch einmal zurück zu den Spiegeltests. Dabei passierte nämlich etwas Bemerkenswertes: Während etwa ein Drittel der Gänse beim Anblick des Spiegelbildes den Spiegel angriff, ein Drittel schnell wegging und einen Konflikt vermied, tat das übrige Drittel etwas, was mir die Kinnlade herunterfallen ließ. Diese Tiere gingen lässig auf den Spiegel zu, um ihn herum und schauten hinter ihn. Dieses Verhalten war bei den Followern zu beobachten, während es bei den aggressiven Gänsen mit hohem Rang oder den leicht neophoben Influencer-Gänsen nicht häufig vorkam.

Masterstudentin Mariia Klymenko fotografiert Graugänse aus nächster Nähe. Das Bild zeigt, wie sehr die Graugänse an der KLF an menschliche Beobachter*innen gewöhnt sind.

Vielleicht ist ein Follower also eher bereit, den sprichwörtlichen Sprung ins kalte Wasser zu wagen, als wir denken. Vielleicht ist eine Follower-Gans offener für Neues, als wir dachten? Was geht im Kopf der Gans vor, wenn sie hinter den Spiegel geht? Verfügt sie über Vorstellungskraft? Für mich gibt es hier Parallelen zum Menschen, denn manche von uns sind aggressiv und konfrontativ, während andere Fantasie haben und über das hinaussehen, was sich direkt vor ihnen befindet.

Unsere weiteren Untersuchungen werden uns Aufschluss darüber geben, was wir vielleicht auch den Followern zuzutrauen haben. Jedenfalls stellen die unterschiedlichen Persönlichkeiten unserer Gänsegesellschaft evolutionär gesehen ein Fitness-Reservoir dar, das viele Möglichkeiten offenlässt: Eine Vielfalt an Persönlichkeiten erhöht die Resilienz einer Population, genauso wie das auch die genetische oder soziale Vielfalt tut. Sie machen die

Gruppe widerstandsfähiger für Herausforderungen, denen die Gänse und wir schon gegenüberstehen oder die noch auf uns zukommen werden.

Sie fragen sich vielleicht, ob Persönlichkeitsmerkmale über Generationen hinweg bestehen bleiben? Und ob sie weiter vererbbar sind? Wir haben noch keine Daten über die Gänse, um diese Fragen zu beantworten, aber eine Beobachtung legt nahe, dass Charaktereigenschaften über Generationen hinweg weitergegeben werden können. Meine Kollegin Dido erzählte mir, dass Dorothea ein rebellisches Junges war. Sie war oft allein unterwegs, auch wenn sie aufmerksame Eltern hatte. Bemerkenswerterweise überlebte sie trotz der Gefahren und Risiken der Füchse. 2023 ist ihre Tochter Diega ebenfalls eine Einzelgängerin! Unser Gänseteam hat beobachtet, wie sie als Jungvogel scheinbar ohne Eltern in der Mitte der Schar umherzog und sich mit den anderen Gänsen herumtrieb, aber sicher nicht in der Nähe ihrer Eltern Dorothea und Babaco blieb.

Manchmal machen sich Eltern Sorgen um die Charaktereigenschaften ihrer Sprösslinge und denken, dass sie das tun sollten, was auch alle anderen tun. Aber das Beispiel von Diega und Dorothea zeigt, dass gerade das Anderssein manchmal zum Erfolg verhilft: Diega war das einzige Gänseküken, das im Jahr 2023 überlebte (von insgesamt 185 Eiern).

10. Die Rolle der Graugänse im Ökosystem

Es ist ein ungewöhnlich warmer Vormittag im September, keine Wolke steht am Himmel und ich besuche wieder einmal den Nationalpark Neusiedler See. Vor über dreißig Jahren beobachtete ich hier die Mariskensänger, jetzt bin ich hier, um mich über die Graugänse vor Ort schlau zu machen. Im burgenländischen Seewinkel, nahe an der österreichisch-ungarischen Grenze, gibt es das größte Graugansvorkommen Österreichs.

„2017 oder 2018 hatten wir die bisher stärkste Graugans-Saison hier", erzählt Arno Cimadom, Forschungskoordinator des Nationalparks, „1500 Brutpaare und 5000 Nicht-Brüter." Ich kenne Arno schon einige Jahre von gemeinsamen Projekten unter anderem auf den Galapagos-Inseln. Heute sind wir in seinem Geländewagen unterwegs und gerade beim Illmitzer Zicksee angekommen. Eine sehr große, austrocknende Lache liegt vor uns, in der Mitte, an der Stelle, wo noch ein bisschen Wasser verbleibt, erspähen wir eine große Gruppe von etwa 650 Graugänsen.

Vereinzelt blühen noch lichtblauer Lein und gelbe Skabiosen rund um den Halbtrockenrasen, die Hagebutte hat schon ihre leuchtend orangen Früchte angesetzt. Wir bauen unser Spektiv auf und Arno erzählt weiter: Die Anzahl der Grauganspaare, die am Neusiedler See brüten, sei zuletzt dramatisch geschrumpft, auf nur hundert – während es vor fünf Jahren noch fünfzehnmal so viele waren! Ursache dafür könnten die niedrigen Wasserstände schon früh im Jahr sein, aber auch der trockene Schilfgürtel, der die Graugansnester Beutegreifern zugänglich macht, die sonst das Wasser scheuen. Ein anderer Grund könnten weniger grasende Rinder im Nationalpark sein. Was Kühe und andere Weidetiere mit Gänsen zu tun haben, dazu später mehr.

Wir alle leben in Ökosystemen. Wir haben uns nur mittlerweile so viele Strukturen geschaffen, die vorrangig den Menschen dienen, wir haben so viel ursprünglich Vorhandenes verändert, dass wir die Strukturen der Ökosysteme kaum mehr wahrnehmen oder erkennen können. Besonders bewusst wurde mir das in einem – auf den ersten Blick – extrem kargen Lebensraum: in den trockenen Regionen des australischen Outbacks. Tatsächlich sind diese nämlich alles andere als karg, alles greift dort ineinander, keine Ressource wird verschwendet, alle Nachbarn kennen einander. Gerade solch nährstoffarme Regionen sind häufig jene mit der höchsten Artenvielfalt.

In mir weckte das ein ganz spezielles Interesse für Ökosysteme. Deshalb stelle ich mir auch immer wieder die Frage: Welche Rolle hatte und hat die Graugans eigentlich im ökologischen Sinn? Und: Was können wir von ihr lernen?

Ausgestorben, aber doch wieder da

Lediglich das Horn ragte heraus. Es war ein massives Horn und sah irgendwie wie das einer Kuh aus. Die beiden Männer zerrten daran, doch es ließ sich nicht entfernen. Sie fingen also an zu graben. Es war dunkel, wo sie sich befanden, dreißig Meter unter der Oberfläche in einer Granithöhle auf dem Hochplateau des Kasbergs im Toten Gebirge. Sie spürten, wie das Horn nachgab, und dann zogen sie den riesigen, unversehrten Schädel von ... ach, keine Ahnung, was ist das?

Mit dem Schädel im Rucksack und zwei Hörnern, die auf beiden Seiten herausragten, machten sie sich auf den Weg ins Tal. Anhand von Fotos identifizierte Christian Roither den Schädel später als jenen eines Wisents! Aber wann hat er gelebt? Die Kohlenstoff-14-Datierung ergab, dass Willi, der Wisent, wie der Schädel kurzerhand getauft wurde, vor 1500 Jahren durch den Buchenwald spaziert und offenbar in die Höhle gefallen war. Solche Höhlenöffnungen sind ein Risiko für viele, nicht nur für einen umherirrenden Wisent.

Spulen wir vor in den Juni 2023. Wir nehmen an der feierlichen Eröffnung des Wisent-Museums teil. Ein großer Name für ein großes Skelett, das in einem Museumscontainer mit traditionell gefertigter Holzfassade ausgestellt wird. Wir befinden uns im Cumberland-Wildpark, nur wenige Meter von lebenden Wisenten entfernt, die in ihrem bewaldeten Gehege herumspazieren. Mit ihren massiven Körpern, die mit einem dicken braunen Fell bedeckt sind, kann man sich die Tiere nur schwer auf Berggipfeln vorstellen.

Der Europäische Wisent war bereits 1923 ausgestorben. Auf dem ganzen Kontinent gab es nur noch zwölf Wisente in Zoos, als man beschloss, diese Ressourcen zu bündeln. Die Zoos züchteten also die Wisente und ließen anschließend Tausende Tiere frei. Heute gibt es tatsächlich wieder 6000 frei lebende Tiere.

Der Wisent (*Bison bonasus*) ist das größte Huftier, das in Europa lebt. Er mag Buchenwald und knabbert bevorzugt an den frischen grünen Blättern dieser Bäume. Ich vermute, dass er aufgrund seiner enormen Größe dazu beigetragen hat, den Wald offen und licht zu halten und so das Wachstum von Jungpflanzen zu fördern. Große Pflanzenfresser wie Wisente – auch die Elefanten fallen in diese Gruppe – werden deshalb auch die „Ingenieure" von Ökosystemen genannt. Wisente, Mammuts, Auerochsen, Wildpferde und viele mehr waren es, die in Europa früher in großen Herden Weidelandschaften offen hielten. Mit ihrem Kot düngten sie den Boden, mit den Tritten schützten sie ihn außerdem vor Erosion – umgeben stets von einer großen Anzahl Insekten, die wiederum Nahrung für Vögel, kleine Reptilien und Säuger darstellten.

In den vergangenen Jahrhunderten nahmen die Rolle dieser großen Pflanzenfresser dann mit zunehmender

Bevölkerungsdichte Nutztiere ein – allen voran Rinder. Die verschwinden nun allerdings nach und nach in Ställen und können dort all ihren nützlichen Aufgaben für Böden und Biodiversität nicht mehr nachkommen. Dafür sind sie produktiver für uns Menschen, bringen höhere Milchleistung und setzen schneller Fleisch an. Die Wiesen werden stattdessen maschinell bewirtschaftet. Für die Waldrappe (*Geronticus eremita*), die auf Feuchtwiesen und Weiden nach Futter stochern, sind diese Flächen damit aber weitgehend uninteressant, für die Graugänse, die gern am zuvor von Pferd oder Rind kurzgefressenen Gras knabbern, auch.

Die Geschichte der knapp vor dem Aussterben geretteten Wisente ist eine Erfolgsgeschichte, aber auch an der Konrad Lorenz Forschungsstelle können wir eine Comeback-Geschichte der Tierwelt erzählen: Dank meines Vorgängers Kurt Kotrschal und vieler Partner, darunter der Innsbrucker Alpenzoo und der Tiergarten Schönborn, fliegt auch der Waldrapp – 350 Jahre lang in Europa ausgestorben – wieder, und das nicht nur im Zoo. Die einzige andere Population lebt in Marokko. In Österreich gibt es inzwischen mehrere Waldrappgruppen. Johannes Fritz, ein ehemaliger Doktorand von Kurt, versucht, den Waldrappen beizubringen, über den Winter nach Italien und seit diesem Jahr nach Spanien zu ziehen, indem er sie in einem Leichtflugzeug auf ihre Route führt. Unsere ehemalige Gänsemutter Barbara Steininger hat sich dem Waldrappteam angeschlossen und flog im Herbst 2023 mit ihrer neuen Familie in den Südwesten Europas.

Mittlerweile wandern sogar einige Vögel aus der Grünauer Kolonie gemeinsam mit Vögeln aus der Salzburger Kolonie und zu meiner Freude gibt es auch Sichtungen der Gruppe in Kärnten und Schweden. Der Waldrapp ist also wieder gut in Europa angekommen. Vor ein paar Monaten haben wir über Fotos eines frisch verliebten Paares in Italien geschmunzelt, das allein unterwegs ist. Und noch ein Ausreißer: Die Waldrappdame

Oben: Ein Waldrapp am Auingerhof. Der Vogel war 350 Jahre lang in Europa ausgestorben. 1997 fing man an der alten Konrad Lorenz Forschungsstelle in Zusammenarbeit mit dem Innsbrucker Alpenzoo und dem Tiergarten Schönbrunn an, Jungvögel direkt nach dem Schlupf von Hand aufzuziehen.

Unten: Verena Pühringer-Sturmayr beim Fotografieren eines schlüpfenden Waldrapps. Dieser junge Waldrapp ist in der Folge im Almtal flügge geworden. Er wuchs in einer Freiflugvoliere im Cumberland Wildpark auf. Seine Eltern bauten ein Nest aus Ästen und Stroh und das Weibchen legte drei Eier. Beide Eltern brüteten einen Monat lang bis zum Schlupf.

Cassiopeia wurde im Sommer 2022 im deutschen Heidelberg gesichtet. Sie verbrachte den milden Herbst in Deutschland und kehrte für die kalte Jahreszeit und die Brutsaison wieder ins Almtal zurück.

Von Lebensräumen und Hobbyforschenden

Kehren wir wieder an den ursprünglichen Schauplatz an den Neusiedler See zurück. Gemeinsam mit Arno fahre ich am Sandeck vorbei, einem Teil des Nationalparks Neusiedler See, wo unter anderem auf einer 400 Hektar großen Weide ungarische Steppenrinder grasen, wir können ihre weißgrauen Körper mit den langen Hörnern nur in der Ferne ausmachen. Die massiven Tiere leisten hier also Naturschutzarbeit. Und die zeigt offenbar auch Erfolge, wenngleich vorerst kleine: Kurz vor unserem Aufbruch vom Illmitzer Zicksee sprach ein Hobbynaturbeobachter Arno an, der an seinem Shirt als Nationalparkmitarbeiter erkennbar ist: Er habe gerade eben wenige Meter von unserem Spektiv entfernt eine Nasenschrecke (*Acrida ungarica*) entdeckt, berichtet er durchaus stolz.

Die Nasenschrecke, erzählt mir Arno, ist eine besondere Heuschrecke mit außergewöhnlichem Aussehen, einem langgestreckten, schmalen Kopf. Sie galt seit den 1990er-Jahren in Österreich als ausgestorben, bis eine Laienwissenschaftlerin im Rahmen eines Citizen-Science-Projektes sie im Nationalpark wieder entdeckte. Nun wird sie am Ostufer des Neusiedler Sees wieder häufig gesichtet.

Die steppenartigen Weiten des Neusiedler Nationalparks haben für mich – gerade aus dem engen, häufig feucht-regnerischen Almtal angereist – einen besonderen Charme. Hier sind es Trocken- und Halbtrockenrasen, die die Vegetation bestimmen. An meinem Knöchel spüre ich etwas Stacheliges, den Feld-Mannstreu. Pflanzen wie ihn, aber auch Disteln oder den Dornigen Hauhechel,

Der Almsee im Herbst.

lassen die Weidetiere stehen, erzählt Arno. Gerade sie sind es oft, die Insekten Nahrung und Unterschlupf bieten.

In Grünau dominiert hingegen die Buche das Landschaftsbild. Es ist dieser Mischwald mit Buche, der dem Almtal seine erst hellgrüne, dann dunkelgrüne und schließlich die spektakulär gelb-orange Herbstfärbung verleiht, die mich so glücklich macht. Das majestätisch graue Tote Gebirge wird nach starken Regenfällen von tosenden Wasserfällen erfüllt. Seine Gipfel sind auch noch viele Monate nach Ende des Winters schneebedeckt.

Am Ende des Tals trifft man auf den Almsee, ein breiter und flacher See. Ähnlich wie der Neusiedler See ist dieses Gewässer nicht sehr tief, zwischen zwei und neun Metern, aber seine Farben, seine Ökologie und seine Geschichte sind gänzlich anders. Die Klarheit der gurgelnden Bäche und des Wassers sind einzigartig. Während ich dieses Spektakel betrachte, sehe ich, wie kleine Blasen vom Grund des Sees nach oben aufsteigen. Wir sind an der Quelle! Das Wasser des Almsees, das durch jahrhundertealte geologische

Stich von Georg Matthäus Vischer aus dem Jahr 1674. Am unteren Bildrand steht „Alben-Fluss". Nancy Arrowsmith schreibt in ihrem Handbuch „Die Welt der Naturgeister", dass Alben und Elben im Grunde eins sind - Naturgeister. Den Gebrüdern Grimm ist bei der Übersetzung der irischen Elbenmärchen 1826 ein Fehler passiert. Sie haben aus den irischen Elben auf Deutsch Elfen gemacht. So sind die Elben also nichts anderes als Elfen, und die Alben eben besonders lichte Elfen. Das Almtal, bzw. ursprünglich Alben-Tal, ist demnach eigentlich das Elfental. Sonia Kleindorfer dankt Helmut Wittmann für diese Deutung.

Prozesse und Umwälzungen entstanden ist, kommt aus den Tiefen der Erde. Der See, der immer kalt ist, weil sein Wasser genau hier und jetzt zum ersten Mal wieder an die Oberfläche sprudelt, speist die türkisfarbenen, smaragdgrünen, schiefergrauen und himmelblauen Flüsse seiner Ausläufer. Das sind die Gewässer, die unsere Gänse versorgen.

Wir haben im Almtal einen lokalen Märchenexperten, Helmut Wittmann, der in ganz Österreich Geschichten sammelt. Begeistert zeigt er mir eine alte Karte des Tals. Auf der Karte sehe ich den „Elbenfluss" eingezeichnet, nicht den Fluss Alm. Und ich

Oben: Die Wasseramsel ist ein außergewöhnlicher Singvogel: Sie taucht und schwimmt und kann in Bächen im ganzen Tal beobachtet werden. Beim Schwimmen rudert sie mit den Beinen, beim Tauchen ist der Körper gegen die Strömung nach unten geneigt und der Schwanz aufgerichtet, während sie nach Beute jagt. Das Almtal beherbergt ganzjährig ca 110 Vogelarten.

Mitte: Der Fischotter war in Europa einst rückläufig und bedroht, aber seine Populationen scheinen sich in bestimmten Gebieten, darunter auch im Almtal, zu erholen. Da er sich von Fischen ernährt, die auch von Menschen gerne gefangen werden, stellt diese Art eine Herausforderung dar, wenn wir die Interaktion zwischen Mensch und Tier neu denken.

Unten: Der Wisent ist das größte Huftier Europas. Die Art galt eigentlich 1923 als ausgestorben, bis Zoos ihre Ressourcen vereinten, um die Bisons in menschlicher Obhut zu züchten und sie wieder in die Wildnis einzugliedern. Heute leben rund 6000 Tiere wieder in freier Wildbahn.

lerne, dass der ursprüngliche Name des Almtals eigentlich Albental war. Alben ist die mittelhochdeutsche Bezeichnung für Elfen – das macht das Almtal also zum Tal der Elfen. Dieses Tal und seine Bäche wurden schon im 17. Jahrhundert in der irischen Folklore erwähnt. Der häufige Nebel und die prächtige, vielfarbige Landschaft werden den Geschichten gerecht, die besagen, dass dies das Tal der weiß leuchtenden Naturgeister ist. Wenn ich die Schwäne sehe, die auf dem blaugrün-transluzenten Wasser schwimmen, erinnern sie mich an Wolken. Es ist, als würden die Schwanenwolken unserer Welt den Nebel des Jenseits berühren. Es ist wirklich ein bemerkenswerter Ort.

Diese paradiesischen Zustände haben auch aus Forscherinnensicht einen Vorteil: Es sind mehrere Lebensraumtypen vorhanden, von seichten Seen über die Windungen des Almflusses und die bewaldeten Hänge bis zur kargen Landschaft des Hochgebirges. Im Almtal haben wir 111 Vogelarten, die das ganze Jahr über hier leben. Mein Kollege Sepp stellt von Mai bis August dreimal im Monat Fangnetze entlang des Almsees und im Wald auf. Er fängt Zugvögel, die auf dem Weg von weiter nördlich zu ihren südlichen Brutgebieten sind, und natürlich auch die einheimischen Vögel im Tal.

Obwohl sich das Almtal im Laufe der Zeit selbst für langjährige Bewohner*innen nicht sonderlich zu verändern scheint, ist doch ein schleichender Wandel im Gange: In den vergangenen vierundzwanzig Jahren stellte Sepp einen stetigen und mittlerweile dramatischen Rückgang sowohl der Arten als auch der Anzahl der Vögel pro Art fest. Die Artenvielfalt der Vögel geht in und um Grünau um vierzig Prozent und die Zahl der Vögel pro Art um fünfzig Prozent zurück.

Eine dramatische Entwicklung, angesichts derer man fast meinen könnte, dass die Menschen nicht mehr in der Lage sind, sich für Artenvielfalt zu interessieren. Wären da nicht die Citizen Scientists, also Leute, die sich in ihrer Freizeit wissenschaftlichen Zählungen oder Beobachtungen widmen. Im Almtal sammeln sie Daten sowohl über häufige als auch bedrohte Vögel, was unser Wissen über den Zustand der Populationen deutlich erhöht. Das Muster ist allerdings regional wie überregional das gleiche: In Österreich ist ein deutlicher Rückgang der Vogelarten und des Vogelbestands zu verzeichnen. Von den 60 wichtigsten Arten, die in oberösterreichischen Hausgärten gesichtet wurden, waren 32 stark rückläufig. Von diesen 32 stark rückläufigen Arten waren 84 Prozent Insektenfresser.

Unsere neueste und aktuelle Aufgabe im Almtal ist deshalb klar: Wir brauchen mehr Insekten! Im Sommer 2023 machten wir deshalb eine Bestandsaufnahme und sammelten mit vereinten Kräften die ersten 480 Insektenproben. Die teilnehmenden Studierenden haben „Eureka" gerufen, weil wir einige sehr rare Spezies gesammelt haben, zum Beispiel die weitgehend unerforschte Tanzfliege (*Empis digramma*).

Um zum Erhalt der Biodiversität im Tal beizutragen, haben wir nun zwei Vorschläge gemacht: zum einen ein verändertes Mähregime und zum anderen die gemeinsame Nutzung von Ressourcen durch Menschen und andere Lebensformen in Raum und Zeit – Sie erinnern sich vielleicht an meinen Ansatz des „time and space sharing" aus Kapitel 2. Und nach meinem Besuch am Neusiedler See denke ich außerdem an eine dritte Idee: Vielleicht sollten wir die Flächen von Kühen oder gar Wisenten beweiden lassen?

Ab 2023 jedenfalls werden mehrere Wiesen nicht mehr gemäht, bis die Brutsaison der Vögel vorüber ist und die Blumen ihre Samenstände ausgebildet haben. Einen starken Einsatz von Pestiziden oder „Pflanzenschutzmitteln" auf den Feldern, andernorts einer der Hauptverursacher des Insektensterbens, gibt es im Almtal sowieso kaum. In der Zwischenzeit werden wir die Veränderungen in Anzahl und Vielfalt der wirbellosen Tiere messen. Die Grundbesitzer*innen haben mir großzügig versichert, dass sie bereit sind, langfristige Änderungen vorzunehmen, um die Artenvielfalt zu erhalten, insbesondere wenn wir einen Unterschied in der Wirbellosenvielfalt aufgrund des Mähregimes feststellen können. Solche Einstellungen und Zusagen geben Hoffnung, dass man durch Partnerschaft und gemeinsames Handeln etwas bewirken kann.

Nicht nur die lokale Bevölkerung, auch die Universität Wien ist ein starker Partner bei diesem Thema, zusammen mit den Grundbesitzern im Tal, dem Stift Kremsmünster und der Herzog-von-Cumberland-Stiftung, sowie unseren wertvollen Partnern im Cumberland-Wildpark, dem Tourismusbüro, der Gemeindeverwaltung und der tatkräftigen Unterstützung durch lokale und regionale Unternehmen. Johannes Vielhaber, Präsident des Betreibervereins des Cumberland-Wildparks, ist ein visionärer Geschäftsmann und Pionier im wahrsten Sinne des Wortes. Sein Lieblingszitat von Lorenz ist folgendes: „Ökologie ist die langfristige Ökonomie." Hinzu kommt die starke und anhaltende Unterstützung durch die oberösterreichische Landesregierung und die neue Unterstützung durch das Ministerium für Klimaschutz, Umwelt, Energie, Mobilität, Innovation und Technologie. Es ist daher keine Überraschung, dass wir angesichts der starken Unterstützung aus allen Bereichen der Gesellschaft und von so vielen Menschen im Almtal in der Lage waren, groß angelegte Biodiversitätsforschung vorzuschlagen und durchzuführen.

Dieses Bewusstsein für die Zusammenhänge, die uns heute nicht auffallen, weil wir nicht die Zeit haben hinzuschauen – oder uns diese nicht nehmen –, dieses Bewusstsein geht uns immer mehr ab. Weidetiere, die seit prähistorischer Zeit, also seit Millionen von Jahren unsere „Kulturlandschaft" prägten, spielen eine große Rolle für das Vorkommen von Insekten. Sie erschließen außerdem Lebensräume für unsere Gänse, die vor allem mit ihrem Nachwuchs wiederum wichtige Nahrungsquelle für Beutegreifer und andere Vögel – auch für prominente Arten wie den Storch – sind.

Egal, ob wir Menschen manche Arten als nützlich erachten und andere nicht – langsam könnte uns bewusst werden, dass wir alle aufeinander angewiesen sind, um unsere Lebensräume zu erhalten. Wenigstens jetzt könnten wir versuchen zu bewahren, was noch zu bewahren ist.

So verständlich die Beschwerden über Graugänse sind, die die Wintersaat fressen oder Badestrände frequentieren, müssen wir uns doch fragen, warum die Tiere das tun. Warum kommen sie dem menschlichen Lebensraum so nahe? Weil wir Menschen ihnen ihre Lebensräume entziehen: flache Flussufer haben wir mit Flussregulierungen verbaut, Feuchtgebiete und kleine Weiher trockengelegt, Weideflächen werden aufgrund weniger Weidetiere unter freiem Himmel immer seltener. Und die natürlichen Feinde der Gans, Fuchs, Uhu, Adler oder Wolf, wollen wir schon gar nicht in unserer Nähe. Wir haben mittlerweile also an so vielen Fäden des ökologischen Netzes gezerrt, sie gar zerrissen, dass in vielen Ökosystemen Nahrungsketten und andere Prozesse „natürlich" kaum noch aufrechterhalten werden können.

In Bhutan gibt es einen Nationalpark, der zum Schutz eines mythischen, spirituellen Wesens gegründet wurde, das beim Anblick durch einen Menschen erlischt. Was für ein inspirierender Ansatz, die Natur zu schützen und die Bedeutung der nicht greifbaren Schönheit anzuerkennen. Ich würde Bhutan gerne einmal besuchen. Ich wünsche mir, dass es genauso atemberaubend schön ist wie das Almtal. Und dass von beiden Regionen – und weltweit vielen anderen mehr – nicht bloß eines für künftige Generationen übrig bleibt: Märchen.

II. Ein Blick in die Zukunft: Das Leben der Gänse von morgen

In New York City gab es vor einigen Jahrzehnten einen Hochhausboom. Das Motto war Innovation, Expansion. Und auch ein neues Problem, eine unerwartete Ursache für große Unzufriedenheit. Die „wahnsinnig lange" Wartezeit bei den Aufzügen in den neuen dreißigstöckigen Gebäuden galt als unerträglich. Die Leute beschwerten sich lautstark, und viele Mieter*innen und Kund*innen drohten abzuwandern. Die Technologie bei der Aufzugkonstruktion konnte mit der Erhöhung der Anzahl der Stockwerke nicht Schritt halten. Da machte ein Psychologiestudent einen radikalen und verblüffend einfachen Vorschlag: „Bringt einfach in den Wartebereichen der Aufzüge Spiegel an!" Und siehe da: Die Beschwerden über die Wartezeiten hörten auf, obwohl sich an der Geschwindigkeit der Aufzüge nichts änderte.

Warum? Durch den Blick in den Spiegel wurde das Warten nicht mehr als verlorene Zeit betrachtet, sondern als Zeit, die wir damit verbracht haben, uns selbst zu inspizieren. Was erkennen wir in einem Spiegel in uns – oder interessiert uns nur, was andere in uns sehen?

Die Krise der Artenvielfalt und die Rolle von uns Menschen dabei ist offenkundig. Während ich über andere Spezies geforscht und nachgedacht habe, habe ich mich auch mit Spiegeln und der Reflexion der inneren und äußeren Abläufe beschäftigt. Wie viel Kapazität haben wir und andere Arten, uns selbst und andere zu betrachten? Es ist ein guter Anfang, über die „anderen" nachzudenken und darüber, wie wir durch den Blick von außen wahrgenommen werden.

Wir brauchen ein Umdenken, in welcher Form wir Menschen Teil der lebendigen Welt sind und sein wollen. Es bedarf innovativer Menschen, die anders darüber nachdenken, was es bedeutet, ein gutes Leben zu führen. Wie würde ein solches „gutes Leben" aussehen – und mit welcher Einstellung könnten wir dieses Leben in Angriff nehmen? Ein erster von mehreren nun abschließenden folgenden Hinweisen: Psycholog*innen haben herausgefunden, dass Vogelgesang zu lauschen unser Glücksempfinden steigert. Von Naturgeräuschen umgeben zu sein, ist eine Möglichkeit, das Glücksgefühl zu erhöhen. Ich hoffe, das „Hupen" sowie das typische „Gang-gang" einer Gans zählen auch dazu!

Ich kam als „Zugereiste" ins Almtal, aber man hat mir nie das Gefühl gegeben, dass ich das bin. Ich bin akzeptiert worden und habe Freundschaften geschlossen, für die ich so dankbar bin. Bei vielen Gelegenheiten bekam ich zu spüren, wie Altes und Neues hier zusammenpassen: Vergangenes Jahr wurde meiner Kollegin Petra Sumasgutner eine Tenure-Track-Professur an der Universität Wien verliehen. Ihre neue Position wurde 2022 während unserer jährlichen Biologicum-Almtal-Konferenz bekanntgegeben, die damals unter dem Motto „Zukunftsfähiges Denken und Handeln" stand. Mit einem gejodelten Ständchen, das Helmut und Ursula Wittmann, die Geschichtenerzähler, zuvor mit allen Teilnehmenden flott einstudiert hatten, gratulierten wir Petra – bevor sie ihren wissenschaftlichen Vortrag über die Ökologie der Greifvögel hielt. Sie ist ausgewiesene Expertin für Steinadler. Wo käme das sonst zusammen, Verhaltensbiologie und Jodeln, wenn nicht in Grünau?

Der Wandel in unserer Einstellung und Sichtweise auf das Leben der Tiere, den wir hier an der Konrad Lorenz Forschungsstelle leben, war von Anfang an revolutionär. Erstmals von Konrad Lorenz und Jane Goodall propagiert, betrachten wir Tiere heutzutage nicht mehr als „Automaten", die Verhaltensabläufe produzieren, sondern als individuelle Wesen mit spezifischen Persönlichkeitsmerkmalen. In einer Zeit, in der wir es am nötigsten haben, über die Natur nachzudenken und sie zu verstehen, können wir auf dieser Grundlage des Denkens und Handelns im Kontext von Naturwissenschaft weiter aufbauen. Es ist klar, dass der Mensch

Teil des natürlichen Systems ist. Ich denke, wir können und sollten mehr darüber lernen, wie wir gemeinsam mit anderen Arten gedeihen können.

Es gibt jetzt empirische Beweise dafür, dass jede bisher untersuchte Spezies lernfähig ist und eine Persönlichkeit hat. Stellen Sie sich vor, sogar einzellige Organismen gewöhnen sich an einen Reiz, das heißt, sie lernen, ihn zu ignorieren – und das ist die grundlegendste Form des Lernens bzw. jene Habituierung, von der weiter oben schon die Rede war. Jeder bisher untersuchte einzellige Organismus hat auch eine Reaktionsachse, auf die einige mehr und andere weniger reagieren. Eigentlich unglaublich, denn damit können wir selbst bei diesen „primitivsten" Lebewesen von einer grundlegenden Form der „Persönlichkeit" sprechen.

Wir leben in einer sich verändernden und lernenden Welt, die voller unzähliger individueller Charaktere ist. Wir müssen daher lernen, über starre Artenkonzepte hinauszudenken. Eine prototypische Gans hat bestimmte Eigenschaften, ja, aber die einzelnen Gänse verhalten sich völlig unterschiedlich. Einige sind das ganze Jahr über sesshaft, andere legen im Jahr Tausende von Kilometern zurück, bevor sie zum Brüten an den Neusiedler See oder den Almsee zurückkehren. Diese individuellen Unterschiede innerhalb von Gruppen von Organismen schaffen Variationen, auf die die natürliche Auslese einwirken kann. Und sie verändern den Kurs der Überlebenden und die Akteure künftiger Generationen. Eine Gans ist eine Gans – aber genauso ist auch Leia Leia. Und Murphy ist Murphy.

Tiere zu beobachten, ist eine Quelle der Freude. Es ist sowohl unterhaltsam als auch lehrreich. Und wenn wir Freude empfinden, sind wir vielleicht eher bereit, uns mit anderen zusammenzutun, um Herausforderungen mit anderen Augen zu sehen. Wir bemerken dies immer wieder bei Citizen-Science-Projekten oder im Rahmen unserer Schulprojekte: Jede*r kann Tiere beobachten, sie oder er muss es nur gewissenhaft und mit Respekt tun. Die persönliche Einstellung entwickelt und stärkt sich dann durch das Tun, durch das Beobachten, und sie öffnet auch ein tieferes Verständnis für die Art und ihre Lebensgrundlage.

Auch damit folgen wir Lorenz' Ansatz: Er maß der Beobachtung von Tieren große Bedeutung zu, ob in der Wissenschaft oder als Freizeitbeschäftigung. Aus diesem Grund sind wir gerade dabei, an der Forschungsstelle ein „Open Science Center" zu planen: Bürgerwissenschaftler*innen, Lehrende und Studierende können sich von der Natur inspirieren lassen, um ihrem Denken Flügel zu verleihen – von der Robotik über die Verwendung von Federn bis zu den Wechselwirkungen zwischen Mensch und Tier und der Frage, warum Tiere und Pflanzen gerade dort vorkommen, wo sie vorkommen.

Gestützt werden soll dieses „Open Science Center" von der Graugans Stiftung, einer gemeinschaftsbasierten Initiative, in der unsere jährlichen „Science Holidays" und weitere Projekte gebündelt werden sollen.

Von der Innovation zur Tradition

Es ist auch eine der grundlegendsten Veränderungen in meinen eigenen Tierbeobachtungen, nachdem ich mittlerweile seit über dreißig Jahren Verhaltensforscherin bin: Ich sehe (und erlebe) jetzt Individuen – anstatt die Angehörigen einer Art –, wo immer ich hingehe. Als ich ein Kind in Philadelphia war und Schwärme mit Hunderten von Stadttauben beobachtete, betrachtete ich sie als Tauben Ich hatte Mitleid mit ihnen und mit den alten Männern und Frauen, die auf den Parkbänken saßen und sie mit Krümeln fütterten. Es sah für mich alles traurig aus. Diesen Szenen fehlte es stets an Magie oder Schönheit. Jetzt sehe ich statt einer Taubenschar Robert, Sally, Margaret und Fritz – und jedes Tier verfolgt frech eine eigene Strategie.

Als ich einmal in Wien auf die Straßenbahn wartete, um zu unserem neuen Biologiegebäude (UBB) zu fahren, wo ich Vorlesungen über Tierverhalten und Evolutionstheorie halte, beobachtete ich eine männliche Taube, die aktiv mit einem scheinbar uninteressierten Weibchen flirtete. Die Taube bewegte sich in weiten Bögen, gurrte und schwang die Flügel. Eine tolle Show. Ich dachte kurz, dass sicher alle Wartenden diese Vorführung beobachteten – stellte aber fest, dass die meisten auf ihre Handys starrten. Nur ein Paar erwiderte meinen Blick lächelnd und wir genossen das Spektakel gemeinsam.

Wien ist übrigens auch die Stadt mit einer schurkischen Bande von steinewerfenden Krähen, die sowohl an unserem UBB-Gebäude als auch an dem 2023 neu eröffneten Parlamentsgebäude Sprünge in den Glasdächern verursachten. Aber auch hier gilt es wieder zu bedenken: Nicht alle Krähen sind Steinewerfer – nur einige von ihnen. Und nicht alle Krähen ahmen das Steinewerfen nach, sondern auch davon wiederum nur einige. Das ist insbesondere bedenkenswert, wenn es um die Abwehr von solchen unerwünschten Verhaltensweisen geht. Es ist im konkreten Fall nicht notwendig, alle Krähen abzuwehren, es reicht, die Gebäude vor jenen Individuen zu schützen, die mit ihrem Verhalten Schaden anrichten.

Einige Gänse hier im Almtal haben ebenfalls ihre Traditionen. Wenn man Sinda und Blasius bei der Aufzucht ihres Nachwuchses entlang des Almsees beobachtet, während Demant und Lauffuss stets am Waldrand genistet und Timber und Murphy jedes Jahr die Bruthütten in den Teichen benutzt haben, kommt man zu dem Schluss, dass jede Gans ihre eigenen Entscheidungen trifft. Die Töchter nisteten dann in denselben Gebieten wie ihre Eltern. Und auf diese Weise wurde die Tradition innerhalb der Familien weitergegeben. Die Gänsegesellschaft insgesamt scheint eher konservativ zu sein, aber es gibt genug Individualität innerhalb der konservativen Gesellschaft, sodass Veränderungen möglich sind. In den vergangenen fünfzig Jahren haben wir diese Traditionen beobachtet, angefangen bei der Frage, wo die Gänse nisten und fressen, bis hin zu der Frage, wie sich eine Vorliebe für eine neue Pflanzensorte zunächst innerhalb einer Familie und dann zwischen den Familien verbreitet. Einige Gänse sind weit gereist und haben neue Partner mitgebracht und Familien mit neuen Traditionen und Vorgehensweisen gegründet. Andere schlossen sich in Deutschland oder Kroatien einer Gänseschar an und brachten zweifellos ihre Almtaler Lebensweise in fremde Länder mit.

Wie aber kommt es von einer innovativen Gans zu einer neuen, von vielen geteilten Tradition, die vielleicht besser an neue Bedingungen angepasst ist? Mir scheint, wir brauchen Innovationsgänse und Nachahmergänse, also sowohl Individuen, die originell und ideenreich sind, als auch solche, die eine gute Idee nachmachen. Hier könnten wir von unseren Beobachtungen in Bezug auf die Influencer-Gänse profitieren.

Solche Zyklen von Innovation und Tradition liegen allen Tiergesellschaften zugrunde, auch unserer menschlichen. Ich hoffe aufrichtig, dass wir uns auf eine neue Ära des innovativen Denkens über Nachhaltigkeit einlassen und dies in eine neue Ära der Tradition umsetzen können. Wenn eine Gans das kann, können wir das doch sicher auch, oder?

Pflanzenfresser als Artenschützer?

Ich möchte noch einmal zu der eingangs gestellten Frage zurückkehren: Kann die Gans als nicht gefährdete Art ein Symbol für die Artenvielfalt in unserer anthropozänen Welt sein? In den vergangenen neunundzwanzig Jahren ist die Temperatur im Almtal um 1,5 Grad Celsius gestiegen. Entsprechend hat sich zum Beispiel auch das Verhalten der Gänse bei der Eiablage verändert.

Die erfahreneren Weibchen legen nach einem wärmeren Winter mit geringerer Schneedecke im Frühjahr früher Eier, und ihr Nachwuchs frisst die frischen Gräser, die ebenfalls früher verfügbar sind. Unsere Gänse profitieren in dieser Hinsicht also tatsächlich vom Klimawandel. Zumindest machen sich die erfahrenen Gänse ihn zunutze. Das gilt auch für den verminderten Zugzwang während der Wintermonate – eine energetisch teure Maßnahme, die sich die Gänse aufgrund der wärmeren Temperaturen sparen können. Die Kehrseite der Medaille ist das erhöhte Aufkommen von Parasiten, von denen die Vögel befallen werden. Graugänse können an Bandwurm, Lungenwurm und von Zecken übertragenen Viren leiden, insbesondere in Jahren mit höheren Durchschnittstemperaturen.

Wir Menschen erzeugen einen starken Selektionsdruck, der das Leben der Pflanzen und Tiere um uns herum verändert. Allerdings ist es wissenschaftlich untermauert, dass wir in Gebieten mit geringerer Artenvielfalt weniger glücklich sind und mehr Stress haben. Die Beziehung zur Artenvielfalt hat also durchaus zwei Seiten. Die Gänse – als soziale Pflanzenfresser, als Weidetiere, die anderen Weidetieren folgen – könnten uns helfen, unser Verhalten in unserer bereits so umgestalteten Umwelt zu erkunden. Wenn wir die bemerkenswerten Fähigkeiten der Gänse kennenlernen, die ihnen helfen, hier zu gedeihen, können wir damit auch darüber nachdenken, wie unser Handeln unser und ihr Verhalten verändert. Ihr komplexes soziales System, ihr ausgezeichnetes Seh- und Hörvermögen, ihre Fähigkeit zu lernen, über große Entfernungen zu navigieren, soziale Allianzen zu bilden und soziale Partnerschaften zu nutzen, um ihr Verbreitungsgebiet und den Zugang zu Ressourcen zu erweitern – all das macht die Gänse zu einem spannenden System, um zu beobachten und zu messen, wie sich eine sich verändernde Welt schnell in unterschiedliche Traditionen der Tiere in Bezug auf Futterplätze, Nester und Lebensweise niederschlagen kann.

Wissen entsteht über Generationen

In diesem Buch habe ich mehrere Beispiele für intergenerationelle Veränderungen angeführt. Aber um das klarzustellen: Bisher haben wir die generationenübergreifende Beständigkeit von Phänotypen (das Erscheinungsbild einschließlich der Persönlichkeit) gemessen, und wir haben nicht versucht, genetische Veränderungen auf der Ebene des Genotyps (das Erbgut) zu messen. Wir haben etwa beobachtet, wie sich die Schlaf- und Nistplätze der Graugänse über Jahrzehnte hinweg verändert haben, wie der Klimawandel die Eiablage und den Nesterfolg beeinflusst, wie das Verhältnis zwischen Eltern und Jungtieren die soziale Integration und das psychologische Wohlbefinden der sich entwickelnden Gänseküken bestimmt und wie Hinweise auf die Individualität dazu beitragen, wer in der Gruppe eine Führungsrolle übernimmt und wer nicht. Erst dank Lorenz und Kolleg*innen ist das Verhalten von Tieren eine Evolutionswissenschaft.

Aus diesem Grund messen wir heute, wie die natürliche und sexuelle Selektion Verhaltensmerkmale und Erscheinungstypen über Generationen hinweg begünstigt. Und wir fragen auch, welche Merkmale über die Evolutionsgeschichte hinweg bei den Vorfahren von Arten mit komplexen sozialen Systemen vorhanden sind. In Echtzeit und vor unseren Augen können wir bei unseren handaufgezogenen Gänseküken sehen, wie wichtig es ist, solche generationenübergreifenden Veränderungen zu berücksichtigen. In unserer groß angelegten Vergleichsstudie über das Schicksal der handaufgezogenen Gänseküken im Vergleich zu den wild aufgezogenen – und die Stichprobe war mit 330 handaufgezogenen Gänseküken und 631 wild aufgezogenen Gänseküken sehr groß – gab es nur geringe Unterschiede beim Paarungserfolg oder der Anzahl der gelegten Eier. Allerdings gab es große Unterschiede zwischen den von Hand aufgezogenen und den von Gänsen aufgezogenen Gösseln in Bezug auf die Überlebensraten in den frühen Stadien ihres Lebens. Gemessen an der Anzahl der Eier wurden handaufgezogene Gössel viel eher flügge als gänseaufgezogene Gössel. Aber dann, nach dem Flüggewerden, drehte sich die Überlebenskurve in die andere Richtung. Nun hatten die handaufgezogenen Jungvögel ein höheres Prädationsrisiko, es war also wahrscheinlicher, dass sie einem Beutegreifer zum Opfer fielen. Warum?

Als wir uns die räumliche Verteilung dieser Tiere in der Schar anschauten, waren diese handaufgezogenen Graugänse eher am Rande der Schar zu finden; sie hatten wenige Familienangehörige. Erinnern Sie sich, als ich weiter oben zum ersten Mal von der Gruppenstruktur der weiblichen Sub-Clans erzählt habe? Mütter und ihre Nachkommen – Tanten, Cousinen, Großmütter – bilden Unterclans. Aber wenn man keine Familie hat, wo ist dann der Kreis, zu dem man gehört? In solchen Fällen befindet man sich eher am Rande der Gruppe und ist somit eher dem Risiko von Fressfeinden ausgesetzt.

Wir hatten mehrere sehr erfolgreiche von Hand aufgezogene Gänse, darunter zum Beispiel Timbers Mutter Tlingit. Allerdings brauchte Tlingit zwei bis drei Generationen, um ihre eigene Subeinheit innerhalb der Schar zu sichern. Diese transgenerationalen Auswirkungen dürfen nicht übersehen werden. Wir sollten daher sehr vorsichtig sein, wenn wir in das Leben der Tiere eingreifen. Zwar können sie sich über die Zeit hinweg integrieren, aber nicht jedes Individuum hat dieses Glück. Denken Sie an den Fall der Menschen, wo es ähnliche Muster gibt: Wenn Menschen aus dem Ausland in ein neues Land ziehen, haben sie in der Regel in der ersten Generation oft keine oder nur wenige Freunde oder Familie und es dauert oft zwei oder drei Generationen, bis eine „fremde" Familie vollständig in eine Gemeinschaft integriert ist. Das gleiche Muster sehen wir bei unseren Gänsen.

Auf den Schultern von Giganten stehen – und auf jenen von Gigantinnen

Als ich ab 1984 Verhaltensbiologie studierte, waren fast alle Professoren männlich. An verschiedenen Universitäten erklärten viele meiner männlichen Kollegen den Studierenden der Verhaltensbiologie auf grandiose Weise, dass sie – ähnlich wie Konrad Lorenz – ihre Kindheit auf dem Land verbracht und schon ihr ganzes Leben lang Insekten und Vogeleier gesammelt oder Tiere gejagt hatten. Das implizierte, dass der beste Weg, um in der Tierverhaltensforschung gut zu sein, offenbar darin bestand, im ländlichen Raum aufgewachsen zu sein. Ich habe mich immer ein wenig wie ein seltsames Ei unter diesen Tierverhaltensforschern von damals gefühlt, weil ich in einer Großstadt aufgewachsen und zudem ein Mädchen war, das sich für die Wissenschaft interessierte.

Dieses Gefühl änderte sich, als ich 1989 Jane Goodall traf und meinen ersten richtigen Job als Pavianforscherin antrat. Sie hatte den Forschungsort ausgewählt, an dem ich zwei Jahre lang Paviane in Ostafrika erforschte, den Mikumi-Nationalpark. Ich bin überzeugt, dass es vor allem meine pure Leidenschaft in Kombination mit jahrelanger Schreib- und Lesearbeit war, die mir diese erste Stelle beschert hat. Als Jane mich später als Freiwillige akzeptierte, um 1991 das Roots-and-Shoots-Programm ins Leben zu rufen, wurde der Grundgedanke gestärkt, dass Menschen aus allen Ländern und Gesellschaftsschichten eine Rolle in der Naturwissenschaft und für das Wohlergehen von Mensch und Tier spielen können und sollten. Heute betrachte ich Goodall in vielerlei Hinsicht als meine Mentorin. Sie war ein sehr wichtiges weibliches Vorbild für mich.

Wir alle kennen die Redewendung: „Wenn ich weiter gesehen habe, dann nur, weil ich auf den Schultern von Giganten stand." Bis vor Kurzem erst waren diese Riesen in den Wissenschaften fast ausschließlich Männer. Ich freue mich, hinzufügen zu können: „Und jetzt gibt es auch Gigantinnen."

Konrad Lorenz und Jane Goodall waren beide solche Giganten in der Verhaltensforschung, und sie waren befreundet. Goodall sagte einmal, Lorenz' Buch „Er redete mit dem Vieh, den Vögeln und den Fischen" habe sie zur Arbeit mit Tieren inspiriert. Ich fühle mich geehrt, den Staffelstab der Verhaltensforschung sowie der Inklusion eines Tages an die nächsten Generationen weiterzugeben.

Immer wieder werden wir an der Konrad Lorenz Forschungsstelle in Grünau von Besucher*innen gefragt, ob wir denn nicht längst schon alles über die Graugänse herausgefunden hätten. Seit Lorenz' Zeiten, seit fünfzig Jahren eben, erforschen wir diese Vögel und noch immer sollen sie Geheimnisse für uns bereithalten?

Ja, genau so ist es, antworte ich dann gerne. Wissenschaft heißt schließlich nicht, an einem Punkt alles über die Graugänse oder ein anderes „System" herausgefunden zu haben. Stattdessen bedeutet es, zu begreifen: Je besser man ein System kennt, desto besser kann man Fragen bezüglich dieses Systems stellen, Antworten verstehen und Lösungen aufzeigen. Uns werden die Fragen und Herausforderungen also nie ausgehen, denn die Umstände und die Bewohner*innen auf unserem Planeten verändern sich ständig.

Eine der wichtigsten Erkenntnisse für mich auf meinem bisherigen Weg mit den Graugänsen ist: Die Tiere sind alles andere als die uniformen Mitglieder einer Schar, als die wir sie oft sehen. Jede Gans hat ihren Charakter. Obwohl es so aussieht, als wären sie alle gleich, hat jede zudem ihr individuelles Gesicht, ihre eigene Stimme, ihren spezifischen Ruf.

Dazu kommen die ethischen Überlegungen, für die Rechte anderer Lebewesen, für den Erhalt der biologischen Vielfalt einzutreten, selbst wenn der Mensch keinen Nutzen daraus zieht. Schön langsam könnte uns nämlich dämmern: Nicht nur die Tiere, auch wir Menschen finden in Gegenden mit sauberem Wasser und guter

Luft bessere Lebensbedingungen vor. Und weil wir davon profitieren, dass wir die vielfältigen, über Jahrtausende entwickelten Lösungen der Natur für die Bewältigung von Herausforderungen nachahmen, ist es einfach, dafür zu plädieren, die biologische Vielfalt auch zu unserem Nutzen und in unserem Interesse zu bewahren.

Wir können lernen. Wir können uns und unsere Haltung verändern. Auch jene gegenüber den Gänsen. Wir können sie als Individuen und Gemeinschaftswesen wahrnehmen, genauso wie wir ihre Art, innovativ zu sein, anerkennen können. Wir können darüber staunen, wie sie in allen Elementen – Luft, Erde, Wasser – zu Hause sind, wie sie sowohl als individuelle Persönlichkeiten als auch als soziale Pflanzenfresser mit anderen Arten zusammenleben und wie auch aus ihrer Gemeinschaft über Generationen hinweg eine Art von „Wissen“ entsteht. Wir könnten offen sein für Aha-Momente, die durch die Betrachtung und Würdigung einer Graugans ausgelöst werden. All das könnten wir würdigen und uns davon inspirieren lassen.

Gemeinsam könnten wir so einen Weg der Lebensfreude beschreiten, der zu einem guten, einem erfüllteren Leben führt – für uns alle.

Graugans-Menscheneltern an der KLF mit ihren Graugans-Tanten und -Onkeln.

Dank

Ich bin sehr vielen Menschen dankbar, die alle dazu beigetragen haben, dieses Buch zu schreiben.

An erster Stelle gilt mein Dank Konrad Lorenz und Jane Goodall für ihre Pionierarbeit auf dem Gebiet des Tierverhaltens. John Dittami sorgte dafür, dass die wissenschaftliche Leitung der Konrad Lorenz Forschungsstelle (KLF) nach dem Tod von Konrad Lorenz 1989 zur Universität Wien kam.

Die Österreichische Akademie der Wissenschaften spielte eine große Rolle bei der Finanzierung der KLF bis 1989. Die wichtigen Beiträge des Landes Oberösterreich sowie der Herzog von Cumberland-Stiftung ermöglichten die erfolgreiche Weiterführung der KLF von 1990 bis heute. Dekan Horst Seidler bewirkte in Allianz mit Rektor Heinz Engl und Vize-Rektor Karl Schwaha, dass die KLF schließlich eine vollwertige Außenstelle der Fakultät für Lebenswissenschaften auf Basis einer Core Facility im Jahre 2012 werden konnte. Der Neubau der KLF 2021 wurde dank einer Förderung durch die Universität Wien unter Heinz Engl, durch eine großzügige Finanzierung vonseiten des Landes Oberösterreich und durch das energetische Wirken von Hans Vielhaber und dem Cumberland-Wildpark möglich.

Kurt Kotrschal, mein Vorgänger, begrüßte mich hier mit der Botschaft „Geh deinen Weg, ohne Rücksicht auf das, was in der Vergangenheit war“. Ich bin dankbar für das Vertrauen, das Kurt, die Kollegenschaft am Department für Verhaltens- und Kognitionsbiologie und die Universität Wien in mich gesetzt haben. Meine engsten Kolleg*innen Eva Millesi, Dagmar Rotter, Leonida Fusani, Petra Pesak, Petra Sumasgutner, Tecumseh Fitch und Thomas Bugnyar bieten mir unermüdliche Unterstützung, ebenso wie unsere Fakultät für Lebenswissenschaften und das Department.

Dem gesamten KLF-Team in Vergangenheit und Gegenwart, insbesondere Josef Hemetsberger und Didone Frigerio, die zum Aufbau der KLF beigetragen haben, möchte ich sagen: Ich freue mich darauf, die Zukunft gemeinsam zu gestalten. Vielen Dank an Julia Rittenschober für all deine Dienste, einschließlich der Datenarchivierung, und an Gudrun Gegendorfer für deine vielen Aktivitäten, einschließlich unserer sozialen Öffentlichkeitsarbeit. Die fünfzig Jahre der Datenerfassung waren außerdem nur möglich dank des enormen Einsatzes von Gänsebeobachtern, unseren Studierenden und Freiwilligen, Zivildienern, Tierpflegern, Teilnehmerinnen am Freiwilligen Umweltjahr, FFG-Schülerinnen und -Schülern, Lehrenden und Grundschulkindern sowie Bürgerwissenschaftler*innen.

Eine besondere Erwähnung gilt Hans Vielhaber, einem wahren Visionär, der seinen Worten Taten folgen lässt und der sich für das Lernen mit und von der Natur einsetzt. Bernhard Lankmaier ist der kooperativste Wildparkmanager, mit dem Sie jemals das Vergnügen haben könnten, zusammenzuarbeiten. Ein besonderes Dankeschön an das gesamte Team des Cumberland-Wildparks für die beständige Unterstützung. Joe Mittermaier, Martin und Tina Ettinger sind Führungskräfte in der Wirtschaft, Barbara Vielhaber heilt und pflegt Tiere und Stefan Schimpl unterstützt Initiativen im Tourismusmanagement, die mit den Zielen der Artenvielfalt übereinstimmen. Allen Bürgermeistern von Grünau der vergangenen Jahre, dem begeisterten Imker Johann Grabner, dem Beschützer der Wälder Fritz Wolf, dem Bewahrer von Geschichten und der Bedeutung des Erzählens Helmut Wittman, Künstlern wie Monika Kitzmantel, dem Filmemacher Erich Pröll, Journalisten, und Radiomoderatoren wie Joachim Habinger, allen ein herzliches Dankeschön. Die Gemeinde Grünau im Almtal ist ein Hort der Unterstützung, und wir sind der Feuerwehr, der Bergrettung, den Ärzt*innen, den Gastronom*innen, dem Pfarrhof, der örtlichen Bank, den Schulen und den Sportvereinen dankbar für die vielfältigen Formen unserer Zusammenwirkung.

Die Forschungsstelle würde nicht existieren, wenn sie nicht von der oberösterreichischen Landesregierung langfristig und kontinuierlich unterstützt würde. Besonderer Dank gilt Landeshauptmann Thomas Stelzer und Landeshauptmann-Stellvertreter Manfred Haimbuchner, Landesrat Markus Achleitner und denjenigen in der Regierung, die eine gemeinsame Vision für wissenschaftliche Forschung und Nachhaltigkeit tragen und unterstützen.

Für die Unterstützung unserer neuesten Biodiversitätsforschung bin ich dem Bundesministerium für Klimaschutz, Umwelt, Energie, Mobilität, Innovation und Technologie und Hans Peter Heitzinger dankbar. Ohne Monika Heitzinger, einer Wegbereiterin (gar Influencerin?), die Menschen miteinander verbindet, hätten wir uns vielleicht verpasst.

Die zahlreichen Gelegenheiten aufzuzählen, bei denen wir von den Grundbesitzern des Almtals unterstützt wurden, würde ein weiteres Buch erfordern. Wir danken dem Stift Kremsmünster und Dr. Birgit Stöhr für ihre langjährige und großzügige Unterstützung. Ein besonderes Dankeschön geht an Manfred Hörler, dessen vogelkundliche Fähigkeiten und Management der Herzog von Cumberland Stiftung unübertroffen bleiben. Danke Manfred! Und zu guter Letzt ein herzliches Dankeschön an die Erbprinzen Ernst August von Hannover sen. und jun. für die langjährige Unterstützung. Ohne Euch hätte diese Geschichte nicht erzählt werden können.

An Patricia McAllister-Käfer mit besonderem Dank für das Korrekturlesen und Editieren meines deutschen Sprachgebrauchs. Deine Aufmerksamkeit für Details und deine Feinfühligkeit sind einmalig. Danke an Judith E. Innerhofer und das Team des Brandstätter Verlags für das Abenteuer, das ihr mir geboten habt.

An meine Familie und Freunde: Ihr wart bei jedem Schritt auf meinem Weg dabei. In meinem Herzen.

Literatur

„Animal Tracker App", Icarus: Erdbeobachtung mit Tieren, https://www.icarus.mpg.de/4331/animal-tracker-app.

Antonson, N.D., Rivera, M., Abolins-Abols, M., Kleindorfer, S., Liu, W.C. and Hauber, M.E., 2021. Early acoustic experience alters genome-wide methylation in the auditory forebrain of songbird embryos. *Neuroscience Letters, 755*, p.135917.

Buss, D.M., 1989. Sex differences in human mate preferences: Evolutionary hypotheses tested in 37 cultures. *Behavioral and Brain Sciences, 12*(1), pp.1-14.

Chatwin, B., 2012. *Traumpfade: The Songlines.* Carl Hanser Verlag GmbH Co KG.

Colombelli-Négrel, D., Hauber, M.E., Evans, C., Katsis, A.C., Brouwer, L., Adreani, N.M. and Kleindorfer, S., 2021. Prenatal auditory learning in avian vocal learners and non-learners. *Philosophical Transactions of the Royal Society B: Biological Sciences, 376*(1836), p.20200247.

Colombelli-Négrel, D., Hauber, M.E., Robertson, J., Sulloway, F.J., Hoi, H., Griggio, M. and Kleindorfer, S., 2012. Embryonic learning of vocal passwords in superb fairy-wrens reveals intruder cuckoo nestlings. *Current Biology, 22*(22), pp.2155-2160.

Colombelli-Négrel, D., Sach, I.Z., Hough, I., Hodgson, J.C., Daniels, C.B. and Kleindorfer, S., 2023. Koalas showed limited behavioural response and no physiological response to drones. *Applied Animal Behaviour Science, 264*, p.105963.

Darwin, C. 1859. *On the Origin of Species by Means of Natural Selection.* John Murray.

Darwin, C. 2018. *Die Entstehung der Arten.* Nikol Verlag. Dieser Band folgt der Übersetzung von Julius Victor Carus, die 1899 erstmals erschienen ist.

Fabbri, A.L., 2022. *Ontogeny of individual variation in food calling in the common raven.* Masters Thesis, University of Vienna.

Föger, B. and Taschwer, K., 2001. *Die andere Seite des Spiegels. Konrad Lorenz und der Nationalsozialismus.* Czernin Verlag.

Frigerio, D., Hemetsberger, J. and Kotrschal, K., 2014. Selbst nach 40 Jahre Forschung: Neues von den Grünauer Graugänsen-Von internationaler Grundlagenforschung bis zur Zusammenarbeit mit Volksschulkindern. *Öko-L, 36*(1), pp.3-13.

Frigerio, D., Hohl, A.G., Puehringer-Sturmayr, V., Colombelli-Négrel, D. and Kleindorfer, S., 2023. A direct personal experience of science and nature changes intended behaviours for conservation. *Transactions of the Royal Society of South Australia*, pp.1-20.

Frigerio, D., Moestl, E. and Kotrschal, K., 2001. Excreted metabolites of gonadal steroid hormones and corticosterone in greylag geese (*Anser anser*) from hatching to fledging. *General and Comparative Endocrinology, 124*(2), pp.246-255.

Frigerio, D., Puehringer-Sturmayr, V., Steinbacher, C., Rittenschober, J. and Kleindorfer, S., 2019. Citizen science, animal behaviour and digital devices: challenges and solutions. *Proceedings of Science, 366*, p.ACSC2019_002.

Frigerio, D., Sumasgutner, P., Kotrschal, K., Kleindorfer, S. and Hemetsberger, J., 2021. From individual to population level: Temperature and snow cover modulate fledging success through breeding phenology in greylag geese (*Anser anser*). *Scientific Reports, 11*(1), p.16100.

Fritz, J., Bisenberger, A. and Kotrschal, K., 2000. Stimulus enhancement in greylag geese: socially mediated learning of an operant task. *Animal Behaviour, 59*(6), pp.1119-1125.

„Graugans - gans festlich", *BUND*, https://www.bund.net/themen/tiere-pflanzen/tiere/voegel/graugans/.

Guggenberger, M., Adreani, N.M., Foerster, K. and Kleindorfer, S., 2022. Vocal recognition of distance calls in a group-living basal bird: the greylag goose, *Anser anser. Animal Behaviour, 186*, pp.107-119.

Haynes, G., 2012. Elephants (and extinct relatives) as earth-movers and ecosystem engineers. *Geomorphology, 157*, pp.99-107.

Hemetsberger, J., Scheiber, I.B., Weiß, B.M., Frigerio, D. and Kotrschal, K., 2010. Influence of socially involved hand-raising on life history and stress responses in greylag geese. *Interaction Studies, 11*(3), pp.380-395.

Hirschenhauser, K., 2012. Testosterone and partner compatibility: evidence and emerging questions. *Ethology, 118*(9), pp.799-811.

Hirschenhauser, K., Frigerio, D., Leithinger, V., Schenkenfelder, I. and Neuböck-Hubinger, B., 2019. Primary pupils, science and a model bird species: Evidence for the efficacy of extracurricular science education. *PLoS One, 14*(7), p.e0220635.

Hirschenhauser, K., Mostl, E. and Kotrschal, K., 1999. Within-pair testosterone covariation and reproductive output in Greylag Geese *Anser anser. Ibis, 141*(4), pp.577-586.

Isselin-Nondedeu, F. and Bédécarrats, A., 2007. Soil microtopographies shaped by plants and cattle facilitate seed bank formation on alpine ski trails. *Ecological Engineering, 30*(3), pp.278-285.

Kalas, Sybille, 2003. Sindbad, der Seefahrer. *Natur im Aufwind, 46.*

Katsis, A.C., Common, L.K., Hauber, M.E., Colombelli-Négrel, D. and Kleindorfer, S., 2023. From nestling to adult: personality traits are consistent within but not across life stages in a wild songbird. *Behaviour, 160*(8-9), pp.701-734.

Kehmeier, S., Schloegl, C., Scheiber, I.B. and Weiß, B.M., 2011. Early development of gaze following into distant space in juvenile Greylag geese (*Anser anser*). *Animal Cognition, 14*(4), pp.477-485.

Kleindorfer, S., Brouwer, L., Hauber, M.E., Teunissen, N., Peters, A., Louter, M., Webster, M.S., Katsis, A.C., Sulloway, F.J., Common, L.K. and Austin, V.I., 2023. Nestling begging calls resemble maternal vocal signatures when mothers call slowly to embryos. *The American Naturalist.*

Kleindorfer, S., Evans, C. and Colombelli-Négrel, D., 2014. Females that experience threat are better teachers. *Biology Letters, 10*(5), p.20140046.

Kleindorfer, S., Fessl, B. and Hoi, H., 1995. More is not always better: male incubation in two Acrocephalus warblers. *Behaviour, 132*(7-8), pp.607-625.

Kleindorfer, S., Fessl, B. and Hoi, H., 2005. Avian nest defence behaviour: assessment in relation to predator distance and type, and nest height. *Animal Behaviour, 69*(2), pp.307-313.

Kleindorfer, S., Heger, B., Tohl, D., Frigerio, D., Hemetsberger, J., Fusani, L., Fitch, W.T. and Colombelli-Négrel, D., 2023. Cues to individuality in Greylag Goose faces: algorithmic discrimination and behavioral field tests. *Journal of Ornithology*, pp.1-11.

Kleindorfer, S., Hoi, H. and Fessl, B., 1996. Alarm calls and chick reactions in the moustached warbler, *Acrocephalus melanopogon. Animal Behaviour, 51*(6), pp.1199-1206.

Kleindorfer, S. and Wasser, S.K., 2004. Infant handling and mortality in yellow baboons (*Papio cynocephalus*): evidence for female reproductive competition?. *Behavioral Ecology and Sociobiology, 56*, pp.328-337.

Körmer, E,M., 2021 *The call structure of contact calls in greylag geese (*Anser anser*)*. Masters Thesis, University of Natural Resources and Life Sciences, Vienna.

Kotrschal, K., Hemetsberger, J. and Dittami, J., 1992. Vigilance in a flock of semi-tame Greylag Geese *Anser anser* in response to approaching eagles *Haliaeetus albicilla* and *Aquila chrysaetos. Wildfowl, 43*, pp.215-219.

Kotrschal, K., Hemetsberger, J. and Dittami, J., 1993. Food exploitation by a winter flock of greylag geese: behavioral dynamics, competition and social status. *Behavioral Ecology and Sociobiology, 33*, pp.289-295.

Kotrschal, K., Scheiber, I.B. and Hirschenhauser, K., 2010. Individual performance in complex social systems: the greylag goose example. In: Kappeler, P. (Ed.), *Animal Behaviour: Evolution and mechanisms*, Springer, pp.121-148.

Kralj-Fišer, S., Scheiber, I.B., Blejec, A., Moestl, E. and Kotrschal, K., 2007. Individualities in a flock of free-roaming greylag geese: behavioral and physiological consistency over time and across situations. *Hormones and Behavior, 51*(2), pp.239-248.

Kralj-Fišer, S., Weiß, B.M. and Kotrschal, K., 2010. Behavioural and physiological correlates of personality in greylag geese (*Anser anser*). *Journal of Ethology, 28*(2), pp.363-370.

Kreikenbohm, R. 2023. *Breeding success of the Golden Eagle (*Aquila chrysaetos*) in the Alpine region*. Masters Thesis, University of Natural Resources and Life Sciences, Vienna.

Kruckenberg, H. and Borbach-Jaene, J., 2004. Do greylag geese (*Anser anser*) use traditional roosts? Site fidelity of colour-marked Nordic greylag geese during spring migration. *Journal of Ornithology, 145*, pp.117-122.

Lorenz, K., 1940. Durch Domestikation verursachte Störungen arteigenen Verhaltens. *Zeitschrift für angewandte Psychologie und Charakterkunde, 59*(1), pp. 2-81.

Lorenz, K. and Eisenmenger, A., 1964. *Er redete mit dem Vieh, den Vögeln und den Fischen.* Deutscher Taschenbuch Verlag.

Lorenz, K.Z., 1988. *Hier bin ich - wo bist du? Ethologie der Graugans.* R. Piper GmbH & Co. KG.

Loth, A., Frigerio, D., Kotrschal, K. and Szipl, G., 2018. Differential responses to gosling distress calls in parental and non-parental Greylag geese. *Journal of Ornithology, 159*, pp.401-412.

Loyau, A., Saint Jalme, M., Cagniant, C. and Sorci, G., 2005. Multiple sexual advertisements honestly reflect health status in peacocks (*Pavo cristatus*). *Behavioral Ecology and Sociobiology, 58*, pp.552-557.

Mebs, T. and Schmidt, D., 2014. *Die Greifvögel Europas, Nordafrikas und Vorderasiens.* Kosmos.

„Niederlande: Erstmals Windräder wegen Zugvögeln gestoppt". *news.ORF.at*, 16 May 2023. https://orf.at/stories/3316889/.

Odom, K.J., Hall, M.L., Riebel, K., Omland, K.E. and Langmore, N.E., 2014. Female song is widespread and ancestral in songbirds. *Nature Communications, 5*(1), p.3379.

Petrie, M. and Halliday, T., 1994. Experimental and natural changes in the peacock's (*Pavo cristatus*) train can affect mating success. *Behavioral Ecology and Sociobiology, 35*, pp.213-217.

Roberts, G., 2020. Cooperation: How vampire bats build reciprocal relationships. *Current Biology, 30*(7), pp.R307-R309.

Sumasgutner, P., Cunningham, S.J., Hegemann, A., Amar, A., Watson, H., Nilsson, J.F., Andersson, M.N. and Isaksson, C., 2023. Interactive effects of rising temperatures and urbanisation on birds across different climate zones: A mechanistic perspective. *Global Change Biology, 29*(9), pp.2399-2420.

Sumasgutner, P., Millán, J., Curtis, O., Koelsag, A. and Amar, A., 2016. Is multiple nest building an adequate strategy to cope with inter-species nest usurpation?. *BMC Evolutionary Biology, 16*, pp.1-11.

Sumasgutner, P., Terraube, J., Coulon, A., Villers, A., Chakarov, N., Kruckenhauser, L. and Korpimäki, E., 2019. Landscape homogenization due to agricultural intensification disrupts the relationship between reproductive success and main prey abundance in an avian predator. *Frontiers in Zoology, 16*, pp.1-14.

Schulze, C. and Bühling, A., 2023. „Gelege-Behandlung gegen Wildgans-Plage am Altmühlsee", *BR24*, 18 April 2023. https://www.br.de/nachrichten/bayern/gelege-behandlung-gegen-wildgans-plage-am-altmuehlsee,TbgAO5x.

Taschwer, K. and Föger, B., 2023. *Konrad Lorenz: Biografie.* Czernin Verlag.

Walter, K.V., Conroy-Beam, D., Buss, D.M., Asao, K., Sorokowska, A., Sorokowski, P., Aavik, T., Akello, G., Alhabahba, M.M., Alm, C. and Amjad, N., 2020. Sex differences in mate preferences across 45 countries: A large-scale replication. *Psychological Science, 31*(4), pp.408-423.

Wascher, C.A., 2021. Heart rate as a measure of emotional arousal in evolutionary biology. *Philosophical Transactions of the Royal Society B: Biological Sciences, 376*(1831), p.20200479.

Wascher, C.A., Arnold, W. and Kotrschal, K., 2008. Heart rate modulation by social contexts in greylag geese (*Anser anser*). *Journal of Comparative Psychology, 122*(1), pp.100-107.

Wascher, C.A., Scheiber, I.B., Braun, A. and Kotrschal, K., 2011. Heart rate responses to induced challenge situations in greylag geese (*Anser anser*). *Journal of Comparative Psychology, 125*(1), pp.116-119.

Wascher, C.A., Scheiber, I.B. and Kotrschal, K., 2008. Heart rate modulation in bystanding geese watching social and non-social events. *Proceedings of the Royal Society B: Biological Sciences, 275*(1643), pp.1653-1659.

Wascher, C.A., Scheiber, I.B., Weiß, B.M. and Kotrschal, K., 2009. Heart rate responses to agonistic encounters in greylag geese, *Anser anser. Animal Behaviour, 77*(4), pp.955-961.

Wascher, C.A., Weiß, B.M., Arnold, W. and Kotrschal, K., 2012. Physiological implications of pair-bond status in greylag geese. *Biology Letters, 8*(3), pp.347-350.

Wasser, S.K., Norton, G.W., Kleindorfer, S. and Rhine, R.J., 2004. Population trend alters the effects of maternal dominance rank on lifetime reproductive success in yellow baboons (*Papio cynocephalus*). *Behavioral Ecology and Sociobiology, 56*, pp.338-345.

Wedekind, C., Seebeck, T., Bettens, F. and Paepke, A.J., 1995. MHC-dependent mate preferences in humans. *Proceedings of the Royal Society of London Series B: Biological Sciences, 260*(1359), pp.245-249.

Wiendl, K., 2020. „Bayerische Seen: Graugänse werden zur Plage". Abendzeitung, 19 June 2020. https://www.abendzeitung-muenchen.de/bayern/bayerische-seen-graugaense-werden-zur-plage-art-560392.

Weinhäupl, V., 2021. *Departure calls in Greylag Geese (*Anser anser*).* Masters Thesis, University of Natural Resources and Life Sciences, Vienna.

Weiß, B.M., Kehmeier, S. and Schloegl, C., 2010. Transitive inference in free-living greylag geese, *Anser anser. Animal Behaviour, 79*(6), pp.1277-1283.

Weiß, B.M., Kotrschal, K. and Foerster, K., 2011. A longitudinal study of dominance and aggression in greylag geese (*Anser anser*). *Behavioral Ecology, 22*(3), pp.616-624.

Weiß, B.M., Kotrschal, K., Möstl, E. and Hirschenhauser, K., 2010. Social and life-history correlates of hormonal partner compatibility in greylag geese (*Anser anser*). *Behavioral Ecology, 21*(1), pp.138-143.

Bildnachweis

Archiv KLF: S. 29 (oben links), 164
Arte: S. 98 (oben)
Ashton Claridge und Sonia Kleindorfer: S. 62
Daniel Fessl: S. 53 (oben)
Salomé Friry: S. 182
Gianmaria Gava: S. 7 (unten rechts), 174
Roy Glen / Mary Evans / picturedesk.com: S. 22-23
Benedikt Heger: S. 29 (Mitte rechts), 65 (Mitte & unten), 78 (oben), 97 (oben), 143 (oben & Mitte), 165 (unten)
Josef Hemetsberger: S. 19 (unten), S. 29 (oben rechts), S. 39 (oben & unten), 65 (oben), 70, 78 (unten), 79 (oben & unten), 97 (unten), 98 (Mitte & unten), 104, 143 (unten), 165 (oben 6 Mitte)
Heike Hinz: S. 12
Stefan Huwiler / imageBROKER / picturedesk.com: S. 24-25
Interpress Paris / Ullstein Bild / picturedesk.com: S. 44 (oben)
Andrew. C. Katsis: S. 19 (oben)
Sonia Kleindorfer: S. 87 (oben), 155
Mariia Klymenko: S. 53 (unten), 87 (unten), 139, 150 (oben & unten), 151
Johanna Kniely: S. 115 (oben)
Konrad Lorenz Forschungsstelle: S. 43 (oben), 109
Kurt Kotrschal: S. 44 (unten)
Daniela Matejschek: S. 7 (unten links), 18, 161
Verena Pühringer-Sturmayr: S. 161 (oben)
Karl Rettenbacher: S. 7 (oben), 163
Barbara Steininger: S. 21, 29 (Mitte links), 73 (oben), 87 (Mitte), 115 (Mitte & unten), 116 (links & rechts)
Brigitte Weiß: S. 29 (unten), 129 (oben, Mitte, unten), 135
W. M. Weiß: S. 43 (unten)

Liebe Leser*innen,

bleiben wir in Verbindung!
Wir freuen uns auf Ihre Anregungen, Kritik und Wünsche.

leserbrief@brandstaetterverlag.com

Christian Brandstätter Verlag GmbH & Co KG
Wickenburggasse 26, 1080 Wien
Tel: (0043)1 5121543256

Besuchen Sie uns auf unserer Website!

Viele weitere Leseinspirationen und Geschenkideen finden Sie unter

www.brandstaetterverlag.com

1. Auflage, 2024

ISBN: 978-3-7106-0766-0

Cover: Caroline Plank-Bachselten
Satz: Burghard List
Lektorat: Teresa Profanter
Projektleitung: Judith E. Innerhofer

Papier: Salzer EOS 1,5-fach (FSC®- und PEFC-zertifiziert)
Gedruckt in der EU

Wir tragen Verantwortung

Aus diesem Grund haben wir uns auf den Weg gemacht, um unseren Einfluss auf das Klima und auf den Planeten zu minimieren. Anstelle von Kompensationszahlungen, und über die üblichen Umweltlabel hinausgehend, haben wir uns das Ziel gesteckt, den CO_2-Ausstoß auf allen Ebenen signifikant zu verringern – entlang der gesamten Wertschöpfungskette von der Idee bis zum Buch in Ihren Händen. Mehr Informationen finden Sie unter

www.brandstaetterverlag.com/nachhaltigkeit